河南大别山
国家级自然保护区植物图鉴

河南大别山国家级自然保护区管理局　编著

黄河水利出版社
·郑　州·

内 容 提 要

本书是河南大别山国家级自然保护区植物图鉴，入选本书的植物以《中国植物志》《河南植物志》为参照，同时也收录了许多近年来发表的河南新纪录种。每个种均按学名、科名、属名、识别特征、分布与生境进行介绍，并对一些经济价值较高或具有特殊价值的种进行经济用途评价。其中识别特征为分辨树种的依据，由于篇幅所限，本书仅着重介绍了物种显著特征，如植物生活型、叶片着生方式、叶形、花序、花色、果序及果实的形状等。每个种配一至多张高清彩色照片，分别从茎、叶、花、果等不同角度，尽量反映其形态特征，以达到易懂易记，可以按图索骥并能迅速在野外辨认物种的效果。本书图文并茂、文字翔实、图片精美、实用性强。

本书可供园林、园艺、林业等专业学生、户外运动爱好者参考，同时可以作为游客了解当地植物资源的科普读物。

图书在版编目（CIP）数据

河南大别山国家级自然保护区植物图鉴 / 河南大别山国家级自然保护区管理局编著. -- 郑州：黄河水利出版社，2024.5. -- ISBN 978-7-5509-3895-3

Ⅰ. Q948.526.1-64

中国国家版本馆CIP数据核字第2024Q72A78号

组稿编辑：王路平　电话：0371-66022212　E-mail：hhslwlp@126.com
　　　　　田丽萍　　　　　66025553　　　　912810592@qq.com

责任编辑：景泽龙　责任校对：王　璇　封面设计：张心怡　责任监制：常红昕

出 版 社：黄河水利出版社

地址：河南省郑州市顺河路49号　邮编：450003

网址：www.yrcp.com　E-mail：hhslcbs@126.com

发行部电话：0371-66020550、66028024

承印单位：河南匠心印刷有限公司

开本：787 mm × 1 092 mm　1/16

印张：20.75

字数：420 千字

版次：2024 年 5 月第 1 版　　　印次：2024 年 5 月第 1 次印刷

定价：210.00 元

《河南大别山国家级自然保护区植物图鉴》

编辑委员会

前 言

河南大别山国家级自然保护区位于河南省商城县中东部，豫皖两省交界处的大别山腹地，地理坐标介于东经115º17′20″～115º37′45″、北纬31º41′50″～31º48′32″，是以森林生态系统类型为主的自然保护区。保护区始建于2011年11月，前身为1982年6月建立的河南商城金刚台省级自然保护区和2001年12月建立的河南商城鲇鱼山省级自然保护区，2014年12月经国务院批准晋升为国家级自然保护区，总面积10 600 hm^2，其中核心区面积3 257 hm^2，缓冲区面积2 061 hm^2，实验区面积5 282 hm^2。保护区地处亚热带北缘的南北气候过渡带，我国地势第二阶梯向第三阶梯的过渡区域，为华北、华中和华东植物的镶嵌地带，具有明显的规律性、典型性、多样性，特有物种丰富。

保护区包括金刚台、鲇鱼山两个片区，金刚台片区是在国有商城县金刚台林场基础上建立的，地形复杂，群山连绵，1 000 m以上山峰就有16座，主峰金刚台海拔1 584 m，为大别山脉在河南境内最高峰。该区气候温和湿润，四季分明，年均降水量1 300 mm。鲇鱼山片区位于县城西南部，距县城5 km，区内有国家大型Ⅱ类水库——鲇鱼山水库，水域广阔，风景优美，有湿地面积近万公顷。保护区独特的地理位置和丰富的气候资源为野生动植物的生长繁育提供了理想的环境，野生动植物特别是珍稀濒危物种种类多，分布广，蓄存量大，是一个巨大的天然生物物种基因库，素有“中州博物馆”“生物宝库”之称。

据调查，保护区有高等植物2 777种及变种，其中苔藓植物54科、114属、283种及变种，蕨类植物33科、66属、161种及变种，裸子植物6科、14属、

24种；被子植物149科、853属、2 309种及变种，其中国家重点保护植物24种。

近年来，河南大别山国家级自然保护区管理局在国家林业和草原局及省、市有关部门支持下，联合河南农业大学、河南省伏牛山生物资源与生态环境野外科学观测研究站、河南林业资源监测院、河南省野生动物保护中心、河南省林业科学研究院、郑州师范学院等多家单位，组织近百位专家及技术人员，对区内植物资源进行了考察及研究，采集了大量野生植物标本，拍摄植物照片近10万张，发现了一批新纪录种。本书记录植物及照片均为调查人员调查结果及现场拍摄。

本书编写为避免与前期文献的重复，刻意避开了与早期同类文献重复的种。同时因受到篇幅限制，仅记录72科下维管束植物。此外，由于拍摄时间所限，部分植物照片质量不尽如人意，敬请谅解！受编者水平所限，如有谬误之处，恳请读者批评指正！

作者

2023年12月

目　录

001 银　杏

学名：*Ginkgo biloba* L.　**科名：**银杏科　**属名：**银杏属

识别特征

乔木，幼树树皮浅纵裂，大树之皮呈灰褐色，深纵裂，粗糙。叶扇形，有长柄，淡绿色，无毛，有多数叉状并列细脉，在短枝上常具波状缺刻，在长枝上常2裂，基部宽楔形，幼树及萌生枝上的叶常较大而深裂，有时裂片再分裂（这与较原始的化石种类之叶相似），叶在一年生长枝上螺旋状散生，在短枝上3～8叶呈簇生状，秋季落叶前变为黄色。球花雌雄异株，单性，种子具长梗，下垂，常为椭圆形、长倒卵形、卵圆形或近圆球形，外种皮肉质，熟时黄色或橙黄色，外被白粉，有臭味。中种皮白色，骨质，具2～3条纵脊。花期3～4月，种子9～10月成熟。

分布与生境

生于海拔500～1 000 m、酸性（pH值5～5.5）黄壤、排水良好地带的天然林中，银杏北自东北沈阳，南达广州，东起华东海拔40～1 000 m地带，西南至贵州、云南西部（腾冲）海拔2 000 m以下地带均有栽培。朝鲜、日本及欧美各国庭园均有栽培。

经济用途

银杏为速生珍贵的用材树种，边材淡黄色，心材淡黄褐色，结构细，质轻软，富弹性，易加工，有光泽，比重0.45～0.48，不易开裂，不反挠，为优良木材，供建筑、家具、室内装饰、雕刻、绘图板等用。种子供食用（多食易中毒）及药用。叶可作药用和制杀虫剂，亦可作肥料。种子的肉质外种皮含白果酸、白果醇及白果酚，有毒。树皮含鞣质。银杏树形优美，春夏季叶色嫩绿，秋季变成黄色，颇为美观，可作庭园树及行道树。

002 大别山五针松

学名： *Pinus dabeshanensis* W. C. Cheng & Y. W. Law **科名：** 松科 **属名：** 松属

识别特征

乔木，树皮棕褐色，浅裂成不规则的小方形薄片脱落。枝条开展，树冠尖塔形。一年生枝淡黄色或微带褐色，表面常具薄蜡层，无毛，有光泽，二、三年生枝灰红褐色，粗糙不平。冬芽淡黄褐色，近卵圆形，无树脂。针叶 5 针一束，微弯曲，先端渐尖，边缘具细锯齿，背面无气孔线，仅腹面每侧有 2 ~ 4 条灰白色气孔线；横切面三角形，皮下细胞一层，背部有 2 个边生树脂道，腹面无树脂道。叶鞘早落。球果圆柱状椭圆形。熟时种鳞张开，中部种鳞近长方状倒卵形，上部较宽，下部渐窄。鳞盾淡黄色，斜方形，有光泽，上部宽三角状圆形，先端圆钝，边缘薄，显著地向外反卷，鳞脐不显著，下部底边宽楔形；种子淡褐色，倒卵状椭圆形，上部边缘具极短的木质翅，种皮较薄。

分布与生境

为我国特有树种，产于安徽西南部（岳西）及湖北东部（英山、罗田）的大别山区；在岳西来榜门坎岭海拔 900 ~ 1 400 m 的山坡地带与黄山松混生，或生于悬崖石缝间。

经济用途

木材性质及用途同华山松。可作大别山区的造林树种。

003 油 松

学名：*Pinus tabuliformis* Carriere **科名：**松科 **属名：**松属

识别特征

乔木，树皮灰褐色或褐灰色，裂成不规则较厚的鳞状块片，裂缝及上部树皮红褐色。枝平展或向下斜展，老树树冠平顶，小枝较粗，褐黄色，无毛，幼时微被白粉。冬芽矩圆形，顶端尖，微具树脂，芽鳞红褐色，边缘有丝状缺裂。针叶2针一束，深绿色，粗硬，边缘有细锯齿，两面具气孔线。横切面半圆形，二型层皮下层，在第一层细胞下常有少数细胞形成第二层皮下层，树脂道5 ~ 8个或更多，边生，多数生于背面，腹面有1 ~ 2个，稀角部有1 ~ 2个中生树脂道，叶鞘初呈淡褐色，后呈淡黑褐色。雄球花圆柱形，在新枝下部聚生成穗状。球果卵形或圆卵形，有短梗，向下弯垂，成熟前绿色，熟时淡黄色或淡褐黄色，常宿存树上数年之久。中部种鳞近矩圆状倒卵形，鳞盾肥厚、隆起或微隆起，扁菱形或菱状多角形，横脊显著，鳞脐凸起有尖刺。种子卵圆形或长卵圆形，淡褐色有斑纹，花期4 ~ 5月，球果第二年10月成熟。

分布与生境

为我国特有树种，产于吉林南部、辽宁、河北、河南、山东、山西、内蒙古、陕西、甘肃、宁夏、青海及四川等省（区），生于海拔100 ~ 2 600 m地带，多组成单纯林。其垂直分布由东到西、由北到南逐渐增高。辽宁、山东、河北、山西、陕西等省有人工林。为喜光、深根性树种，喜干冷气候，在土层深厚、排水良好的酸性、中性或钙质黄土上均生长良好。

经济用途

心材淡黄红褐色，边材淡黄白色，纹理直，结构较细密，材质较硬，比重0.4 ~ 0.54，富树脂，耐久用。可作建筑、电杆、矿柱、造船、器具、家具及木纤维工业等用材。树干可割取树脂，提取松节油。树皮可提取栲胶。松节、松针（针叶）、花粉均供药用。

004 华山松

学名：*Pinus armandii* Franch. **科名：**松科 **属名：**松属

识别特征

乔木，幼树树皮灰绿色或淡灰色，平滑，老则呈灰色，裂成方形或长方形厚块片固着于树干上，或脱落。枝条平展，形成圆锥形或柱状塔形树冠。一年生枝绿色或灰绿色（干后褐色），无毛，微被白粉。冬芽近圆柱形，褐色，微具树脂，芽鳞排列疏松。针叶5针一束，稀6～7针一束，边缘具细锯齿，仅腹面两侧各具4～8条白色气孔线。横切面三角形，单层皮下层细胞，树脂道通常3个，中生或背面2个边生、腹面1个中生，稀具4～7个树脂道，则中生与边生兼有。叶鞘早落。雄球花黄色，卵状圆柱形，基部围有近10枚卵状匙形的鳞片，多数集生于新枝下部呈穗状，排列较疏松。球果圆锥状长卵圆形，幼时绿色，成熟时黄色或褐黄色，种鳞张开，种子脱落，中部种鳞近斜方状倒卵形，鳞盾近斜方形或宽三角状斜方形，不具纵脊，先端钝圆或微尖，不反曲或微反曲，鳞脐不明显。种子黄褐色、暗褐色或黑色，倒卵圆形，无翅或两侧及顶端具棱脊，稀具极短的木质翅。花期4～5月，球果第二年9～10月成熟。

分布与生境

产于山西南部中条山（北至沁源海拔1 200～1 800 m）、河南西南部及嵩山、陕西南部秦岭（东起华山，西至辛家山，海拔1 500～2 000 m）、甘肃南部（洮河及白龙江流域）、四川、湖北西部、贵州中部及西北部、云南及西藏雅鲁藏布江下游海拔1 000～3 300 m地带。在气候温凉而湿润、酸性黄壤、黄褐壤土或钙质土上，组成单纯林或与针叶树阔叶树种混生。稍耐干燥瘠薄的土地，能生于石灰岩石缝间。

经济用途

边材淡黄色，心材淡红褐色，结构微粗，纹理直，材质轻软，比重0.42，树脂较多，耐久用。可作建筑、枕木、家具及木纤维工业原料等用材。树干可割取树脂。树皮可提取栲胶。针叶可提炼芳香油。种子可食用，亦可榨油供食用或作为工业用油。华山松为材质优良、生长较快的树种，可为产区海拔1 100～3 300 m地带造林树种。

005 火炬松

学名： *Pinus taeda* L.　**科名：** 松科　**属名：** 松属

识别特征

乔木，树皮鳞片状开裂，近黑色、暗灰褐色或淡褐色。枝条每年生长数轮。小枝黄褐色或淡红褐色。冬芽褐色，矩圆状卵圆形或短圆柱形，顶端尖，无树脂。针叶3针一束，稀2针一束，硬直，蓝绿色。横切面三角形，二型皮下层细胞，三至四层在表皮层下呈倒三角状断续分布，树脂道通常2个，中生。球果卵状圆锥形或窄圆锥形，基部对称，无梗或几无梗，熟时暗红褐色。种鳞的鳞盾横脊显著隆起，鳞脐隆起延长成尖刺。种子卵圆形，栗褐色，种翅长约2 cm。

分布与生境

原产于北美东南部。我国庐山、南京、马鞍山、富阳、安吉、闽侯、武汉、长沙、广州、桂林、南宁、柳州、梧州等地有引种栽培，生长良好。在南京明孝陵有40多年生的树木，高24 m，胸径45 cm。在安徽马鞍山引种造林，比当地的马尾松长势旺，很少受松毛虫危害，是一种很有发展前途的造林树种。

经济用途

木材供建筑等用并生产优良松脂。

006 湿地松

学名：*Pinus elliottii* Engelmann **科名：**松科 **属名：**松属

识别特征

乔木，树皮灰褐色或暗红褐色，纵裂成鳞状块片剥落。枝条每年生长 3 ～ 4 轮，春季生长的节间较长，夏秋生长的节间较短，小枝粗壮，橙褐色，后变为褐色至灰褐色，鳞叶上部披针形，淡褐色，边缘有睫毛，干枯后宿存数年不落，故小枝粗糙。冬芽圆柱形，上部渐窄，无树脂，芽鳞淡灰色。针叶 2 ～ 3 针一束并存，刚硬，深绿色，有气孔线，边缘有锯齿。树脂道 2 ～ 9（～ 11）个，多内生。叶鞘长约 1.2 cm。球果圆锥形或窄卵圆形，有梗，种鳞张开后径 5 ～ 7 cm，成熟后至第二年夏季脱落。种鳞的鳞盾近斜方形，肥厚，有锐横脊，鳞脐瘤，先端急尖，长不及 1 mm，直伸或微向上弯。种子卵圆形，微具 3 棱，长 6 mm，黑色，有灰色斑点，种翅长 0.8 ～ 3.3 cm，易脱落。

分布与生境

原产于美国东南部暖带潮湿的低海拔地区。我国湖北武汉，江西吉安，浙江安吉、余杭，江苏南京，安徽泾县，福建闽侯，广东广州、台山，广西柳州、桂林，台湾等地有引种栽培。适生于低山丘陵地带，耐水湿，生长势常比同地区的马尾松或黑松为好，很少受松毛虫危害。为我国长江以南广大地区很有发展前途的造林树种。

经济用途

木材供建筑等用并生产优良松脂。

007 雪 松

学名： *Cedrus deodara* (Roxb. ex D. Don) G. Don **科名：** 松科 **属名：** 雪松属

识别特征

乔木，树皮深灰色，裂成不规则的鳞状块片。枝平展、微斜展或微下垂，基部宿存芽鳞向外反曲，小枝常下垂，一年生长枝淡灰黄色，密生短绒毛，微有白粉，二、三年生枝呈灰色、淡褐灰色或深灰色。叶在长枝上辐射伸展，短枝之叶呈簇生状（每年生出新叶 15 ~ 20 枚），针形，坚硬，淡绿色或深绿色，上部较宽，先端锐尖，下部渐窄，常呈三棱形，稀背脊明显，叶之腹面两侧各有 2 ~ 3 条气孔线，背面 4 ~ 6 条，幼时气孔线有白粉。雄球花长卵圆形或椭圆状卵圆形，雌球花卵圆形，球果成熟前淡绿色，微有白粉，熟时红褐色，卵圆形或宽椭圆形，顶端圆钝，有短梗。中部种鳞扇状倒三角形，上部宽圆，边缘内曲，中部楔状，下部耳形，基部爪状，鳞背密生短绒毛。苞鳞短小。种子近三角状，种翅宽大，较种子为长，连同种子长 2.2 ~ 3.7 cm。球果第二年 10 月成熟。

分布与生境

分布于阿富汗至印度，海拔 1 300 ~ 3 300 m 地带。北京、旅顺、大连、青岛、徐州、上海、南京、杭州、南平、庐山、武汉、长沙、昆明等地已广泛栽培作庭园树。在气候温和凉润、土层深厚、排水良好的酸性土壤上生长旺盛。

经济用途

边材白色，心材褐色，纹理通直，材质坚实、致密而均匀，比重 0.56，有树脂，具香气，少翘裂，耐久用。可作建筑、桥梁、造船、家具及器具等用材。雪松终年常绿，树形美观，亦为普遍栽培的庭园树。

008 柳 杉

学名：*Cryptomeria japonica* var. *sinensis* Miquel **科名：**柏科 **属名：**柳杉属

识别特征

乔木，树皮红棕色，纤维状，裂成长条片脱落。大枝近轮生，平展或斜展。小枝细长，常下垂，绿色，枝条中部的叶较长，常向两端逐渐变短。叶钻形略向内弯曲，先端内曲，四边有气孔线，果枝的叶通常较短，有时长不及 1 cm，幼树及萌芽枝的叶长达 2.4 cm。雄球花单生叶腋，长椭圆形，长约 7 mm，集生于小枝上部，呈短穗状花序状。雌球花顶生于短枝上。球果圆球形或扁球形，种鳞 20 左右，上部有 4 ~ 5（很少 6 ~ 7）短三角形裂齿，齿长 2 ~ 4 mm，基部宽 1 ~ 2 mm，鳞背中部或中下部有一个三角状分离的苞鳞尖头，能育的种鳞有 2 粒种子。种子褐色，近椭圆形，扁平，边缘有窄翅。花期 4 月，球果 10 月成熟。

分布与生境

为我国特有树种，产于浙江天目山、福建南屏三千八百坎及江西庐山等地海拔 1 100 m 以下地带，有数百年的老树。在江苏南部、浙江、安徽南部、河南、湖北、湖南、四川、贵州、云南、广西及广东等地均有栽培，生长良好。柳杉幼龄能稍耐阴，在温暖湿润的气候和土壤酸性、肥厚而排水良好的山地生长较快。在寒凉较干、土层瘠薄的地方生长不良。

经济用途

边材黄白色，心材淡红褐色，材质较轻软，纹理直，结构细，耐腐力强，易加工。可作房屋建筑、电杆、器具、家具及造纸原料等用材。又为园林树种。

009 落羽杉

学名： *Taxodium distichum* (L.) Rich. **科名：** 柏科 **属名：** 落羽杉属

识别特征

落叶乔木，树干尖削度大，干基通常膨大，常有屈膝状的呼吸根。树皮棕色，裂成长条片脱落。枝条水平开展，幼树树冠圆锥形，老则呈宽圆锥状。新生幼枝绿色，到冬季则变为棕色。生叶的侧生小枝排成二列。叶条形，扁平，基部扭转在小枝上列成二列，羽状，先端尖，上面中脉凹下，淡绿色，下面黄绿色或灰绿色，中脉隆起，每边有 4 ~ 8 条气孔线，凋落前变成暗红褐色。雄球花卵圆形，有短梗，在小枝顶端排列成总状花序状或圆锥花序状。球果球形或卵圆形，有短梗，向下斜垂，熟时淡褐黄色，有白粉，径约 2.5 cm。种鳞木质，盾形，顶部有明显或微明显的纵槽。种子不规则三角形，有锐棱，褐色。球果 10 月成熟。

分布与生境

原产于北美洲东南部，耐水湿，能生于排水不良的沼泽地上。我国广州、杭州、上海、南京、武汉、庐山及河南鸡公山等地有引种栽培，生长良好。

经济用途

木材重，纹理直，结构较粗，硬度适中，耐腐力强。可作建筑、电杆、家具、造船等用材。我国江南低湿地区已用之造林或栽培作庭园树。

010 池　杉

学名： *Taxodium distichum* var. *imbricatum* (Nuttall) Croom

科名： 柏科　**属名：** 落羽杉属

识别特征

乔木，树干基部膨大，通常有屈膝状的呼吸根（低湿地生长尤为显著）。树皮褐色，纵裂，成长条片脱落。枝条向上伸展，树冠较窄，呈尖塔形。当年生小枝绿色，细长，通常微向下弯垂，二年生小枝呈褐红色。叶钻形，微内曲，在枝上螺旋状伸展，上部微向外伸展或近直展，下部通常贴近小枝，基部下延，向上渐窄，先端有渐尖的锐尖头，下面有棱脊，上面中脉微隆起，每边有 2 ~ 4 条气孔线。球果圆球形或矩圆状球形，有短梗，向下斜垂，熟时褐黄色，种鳞木质，盾形，中部种鳞高 1.5 ~ 2 cm。种子不规则三角形，微扁，红褐色，边缘有锐脊。花期 3 ~ 4 月，球果 10 月成熟。

分布与生境

原产于北美洲东南部，耐水湿，生于沼泽地区及水湿地上。我国江苏南京、南通和浙江杭州、河南鸡公山、湖北武汉等地有栽培，生长良好，可作为低湿地的造林树种或作庭园树。

经济用途

木材性质和用途与落羽杉相同。

011 水 杉

学名： *Metasequoia glyptostroboides* Hu & W. C. Cheng

科名： 柏科　**属名：** 水杉属

识别特征

乔木，树干基部常膨大。树皮灰色、灰褐色或暗灰色，幼树裂成薄片脱落，大树裂成长条状脱落，内皮淡紫褐色。枝斜展，小枝下垂，幼树树冠尖塔形，老树树冠广圆形，枝叶稀疏。一年生枝光滑无毛，幼时绿色，后渐变成淡褐色，二、三年生枝淡褐灰色或褐灰色。侧生小枝排成羽状，冬季凋落。主枝上的冬芽卵圆形或椭圆形，顶端钝，芽鳞宽卵形，先端圆或钝，长宽几相等，为 2 ~ 2.5 mm，边缘薄而色浅，背面有纵脊。叶条形，上面淡绿色，下面色较淡，沿中脉有两条较边带稍宽的淡黄色气孔带，每带有 4 ~ 8 条气孔线，叶在侧生小枝上列成二列，羽状，冬季与枝一同脱落。球果下垂，近四棱状球形或矩圆状球形，成熟前绿色，熟时深褐色，其上有交对生的条形叶；种鳞木质，盾形，通常 11 ~ 12 对，交叉对生，鳞顶扁菱形，中央有一条横槽，基部楔形，高 7 ~ 9 mm，能育种鳞有 5 ~ 9 粒种子。种子扁平，倒卵形，间或圆形或矩圆形，周围有翅，先端有凹缺，花期 2 月下旬，球果 11 月成熟。

分布与生境

水杉这一古老稀有的珍贵树种为我国特产，仅分布于四川石柱县及湖北利川市磨刀溪、水杉坝一带，以及湖南西北部龙山和桑植等地海拔 750 ~ 1 500 m、气候温和、夏秋多雨、酸性黄壤土地区。在河流两旁、湿润山坡及沟谷中栽培很多，也有少数野生树木，常与杉木、茅栗、锥栗、枫香、漆树、灯台树、响叶杨、利川润楠等树种混生。

水杉为喜光性强的速生树种，对环境条件的适应性较强。自水杉被发现以后，尤其在新中国成立以后，我国各地普遍引种，北至辽宁草河口、辽东半岛，南至广东广州，

东至江苏、浙江，西至云南昆明、四川成都、陕西武功，已成为受欢迎的绿化树种之一。湖北、江苏、安徽、浙江、江西等省用之造林和“四旁”植树，生长很快。国外约50个国家和地区引种栽培，北达北纬60° 的列宁格勒及阿拉斯加等地，在-34 ℃及-47 ℃的低温条件下能在野外越冬生长。

经济用途

边材白色，心材褐红色，材质轻软，纹理直，结构稍粗，早晚材硬度区别大，不耐水湿。可作房屋建筑、板料、电杆、家具及木纤维工业原料等用。生长快，可作长江中下游、黄河下游、南岭以北、四川中部以东广大地区的造林树种及“四旁”绿化树种。树姿优美，又为著名的庭园树种。

012 柏 木

学名： *Cupressus funebris* Endl. **科名：** 柏科 **属名：** 柏木属

识别特征

乔木，树皮淡褐灰色，裂成窄长条片。小枝细长下垂，生鳞叶的小枝扁，排成一平面，两面同形，绿色，较老的小枝圆柱形，暗褐紫色，略有光泽。鳞叶二型，先端锐尖，中央之叶的背部有条状腺点，两侧的叶对折，背部有棱脊。雄球花椭圆形或卵圆形，雄蕊通常 6 对，药隔顶端常具短尖头，中央具纵脊，淡绿色，边缘带褐色。雌球花近球形，球果圆球形，熟时暗褐色。种鳞 4 对，顶端为不规则五角形或方形，宽 5 ～ 7 mm，中央有尖头或无，能育种鳞有 5 ～ 6 粒种子。种子宽倒卵状菱形或近圆形，扁，熟时淡褐色，有光泽，长约 2.5 mm，边缘具窄翅。子叶 2 枚，条形，先端钝圆。花期 3 ～ 5 月，种子第二年 5 ～ 6 月成熟。

分布与生境

为我国特有树种，分布很广，产于浙江、福建、江西、湖南、湖北西部、四川北部及西部大相岭以东、贵州东部及中部、广东北部、广西北部、云南东南部及中部等地。以四川、湖北西部、贵州栽培最多，生长旺盛。江苏南京等地有栽培。柏木在华东、华中地区分布于海拔 1 100 m 以下，在四川分布于海拔 1 600 m 以下，在云南中部分布于海拔 2 000 m 以下，均长成大乔木。喜生于温暖湿润的各种土壤地带，尤以在石灰岩山地钙质土上生长良好。在四川北部沿嘉陵江流域、渠江流域及其支流两岸的山地常有生长茂盛的柏木纯林。

经济用途

心材黄褐色，边材淡褐黄色或淡黄色，纹理直，结构细，质稍脆，耐水湿，抗腐性强，有香气，比重 0.44 ～ 0.59。可作建筑、造船、车厢、器具、家具等用材。枝叶可提芳香油。枝叶浓密，小枝下垂，树冠优美，可作庭园树种。

柏木生长快，用途广，适应性强，产区人民有栽培的习惯，可作长江以南湿暖地区石灰岩山地的造林树种。

013 圆 柏

学名： *Juniperus chinensis* L. **科名：** 柏科 **属名：** 刺柏属

识别特征

乔木，树皮深灰色，纵裂，成条片开裂。幼树的枝条通常斜上伸展，形成尖塔形树冠，老则下部大枝平展，形成广圆形的树冠。树皮灰褐色，纵裂，裂成不规则的薄片脱落。小枝通常直或稍呈弧状弯曲，生鳞叶的小枝近圆柱形或近四棱形。叶二型，即刺叶及鳞叶。刺叶生于幼树之上，老龄树则全为鳞叶，壮龄树兼有刺叶与鳞叶。生于一年生小枝的一回分枝的鳞叶三叶轮生，直伸而紧密，近披针形，先端微渐尖，背面近中部有椭圆形微凹的腺体。刺叶三叶交互轮生，斜展，疏松，披针形，先端渐尖，上面微凹，有两条白粉带。雌雄异株，稀同株，雄球花黄色，椭圆形，雄蕊 5 ~ 7 对。球果近圆球形，两年成熟，熟时暗褐色，被白粉或白粉脱落，有 1 ~ 4 粒种子。种子卵圆形，扁，顶端钝，有棱脊及少数树脂槽。子叶 2 枚，条形，先端锐尖，下面有两条白色气孔带，上面则不明显。

分布与生境

产于内蒙古乌拉山、河北、山西、山东、江苏、浙江、福建、安徽、江西、河南、陕西南部、甘肃南部、四川、湖北西部、湖南、贵州、广东、广西北部及云南等地。生于中性土、钙质土及微酸性土上，各地亦多栽培，西藏也有栽培。朝鲜、日本也有分布。喜光树种，喜温凉、温暖气候及湿润土壤。在华北及长江下游海拔 500 m 以下、中上游海拔 1 000 m 以下排水良好的山地可选用造林。

经济用途

心材淡褐红色，边材淡黄褐色，有香气，坚韧致密，耐腐力强。可作房屋建筑、家具、文具及工艺品等用材。树根、树干及枝叶可提取柏木脑的原料及柏木油。枝叶入药，能祛风散寒、活血消肿、利尿。种子可提取润滑油。为普遍栽培的庭园树种。

014 南方红豆杉

学名： *Taxus wallichiana* var. *mairei* (Lemee & H. Léveillé) L. K. Fu & Nan Li

科名： 红豆杉科　**属名：** 红豆杉属

识别特征

叶多呈弯镰状，上部常渐窄，先端渐尖，下面中脉带上无角质乳头状突起点，或局部有成片或零星分布的角质乳头状突起点，或与气孔带相邻的中脉带两边有一至数条角质乳头状突起点，中脉带明晰可见，其色泽与气孔带相异，呈淡黄绿色或绿色，绿色边带亦较宽而明显。种子通常较大，微扁，多呈倒卵圆形，上部较宽，稀柱状矩圆形，种脐常呈椭圆形。

分布与生境

产于安徽南部、浙江、台湾、福建、江西、广东北部、广西北部及东北部、湖南、湖北西部、河南西部、陕西南部、甘肃南部、四川、贵州及云南东北部。垂直分布一般较红豆杉低，在多数省区常生于海拔 1 200 m 以下的地方。

经济用途

心材橘红色，边材淡黄褐色，纹理直，结构细，比重 0.55 ~ 0.76，坚实耐用，干后少开裂。可作建筑、车辆、家具、器具、农具及文具等用材。

015 巴山榧树

学名：*Torreya fargesii* Franch. **科名：**红豆杉科 **属名：**榧属

识别特征

乔木，树皮深灰色，不规则纵裂。一年生枝绿色，二、三年生枝呈黄绿色或黄色，稀淡褐黄色。叶条形，稀条状披针形，通常直，稀微弯，先端微凸尖或微渐尖，具刺状短尖头，基部微偏斜，宽楔形，上面亮绿色，无明显隆起的中脉，通常有两条较明显的凹槽，延伸不达中部以上，稀无凹槽，下面淡绿色，中脉不隆起，气孔带较中脉带为窄，干后呈淡褐色，绿色边带较宽，约为气孔带的 1 倍。雄球花卵圆形，基部的苞片背部具纵脊，雄蕊常具 4 个花药，花丝短，药隔三角状，边具细缺齿。种子卵圆形、圆球形或宽椭圆形，肉质假种皮微被白粉，顶端具小凸尖，基部有宿存的苞片。骨质种皮的内壁平滑。胚乳周围显著地向内深皱。花期 4 ～ 5 月，种子 9 ～ 10 月成熟。

分布与生境

为我国特有树种，产于陕西南部，湖北西部，四川东部、东北部及西部峨眉山海拔 1 000 ～ 1 800 m 地带。散生于针、阔叶林中。

经济用途

木材坚硬，结构细致。可作家具、农具等用材。种子可榨油。

016 宽叶金粟兰

学名： *Chloranthus henryi* Hemsl. **科名：** 金粟兰科 **属名：** 金粟兰属

识别特征

多年生草本，根状茎粗壮，黑褐色，具多数细长的棕色须根。茎直立，单生或数个丛生，有 6 ~ 7 个明显的节，下部节上生一对鳞状叶。叶对生，通常 4 片生于茎上部，纸质，宽椭圆形、卵状椭圆形或倒卵形，顶端渐尖，基部楔形至宽楔形，边缘具锯齿，齿端有一腺体，背面中脉、侧脉有鳞屑状毛。叶脉 6 ~ 8 对。鳞状叶卵状三角形，膜质。托叶小，钻形。穗状花序顶生，通常两歧或总状分枝，苞片通常宽卵状三角形或近半圆形。花白色。基部几分离，仅内侧稍相连，子房卵形，无花柱，柱头近头状。核果球形，长约 3 mm，具短柄。花期 4 ~ 6 月，果期 7 ~ 8 月。

分布与生境

产于陕西、甘肃、安徽、浙江、福建、江西、湖南、湖北、广东、广西、贵州、四川。生于山坡林下阴湿地或路边灌丛中，海拔 750 ~ 1 900 m。

经济用途

根、根状茎或全草供药用，能舒筋活血、消肿止痛、杀虫。主治跌打损伤、痛经。外敷治癞痢头、疔疮、毒蛇咬伤。

017 多穗金粟兰

学名： *Saururus chinensis* (Lour.) Baill **科名：** 金粟兰科 **属名：** 金粟兰属

识别特征

多年生草本，根状茎粗壮，生多数细长须根。茎直立，单生，下部节上生一对鳞片叶。叶对生，通常4片，坚纸质，椭圆形至宽椭圆形、卵状椭圆形或宽卵形，顶端渐尖，基部宽楔形至圆形，边缘具粗锯齿或圆锯齿，齿端有一腺体，腹面亮绿色，背面沿叶脉有鳞屑状毛，有时两面具小腺点。侧脉6～8对，网脉明显。穗状花序多条，粗壮，顶生和腋生，单一或分枝，苞片宽卵形或近半圆形；花小，白色，排列稀疏。雄蕊1～3，着生于子房上部外侧。若为1个雄蕊则花药卵形，2室。若为3(～2)个雄蕊，则中央花药2室，而侧生花药1室，且远比中央的小。药隔与药室等长或稍长，稀短于药室。子房卵形，无花柱，柱头截平。核果球形，绿色，表面有小腺点。花期5～7月，果期8～10月。

分布与生境

产于河南、陕西、甘肃、安徽、江苏、浙江、福建、江西、湖南、湖北、广东、广西、贵州、四川。生于山坡林下阴湿地和沟谷溪旁草丛中，海拔400～1 650 m。

经济用途

根及根状茎供药用，能祛湿散寒、理气活血、散瘀解毒。有毒。

018 山　杨

学名： *Populus davidiana* Dode　**科名：** 杨柳科　**属名：** 杨属

识别特征

乔木，树皮光滑灰绿色或灰白色，老树基部黑色粗糙。树冠圆形。小枝圆筒形，光滑，赤褐色，萌枝被柔毛。芽卵形或卵圆形，无毛，微有黏质。叶三角状卵圆形或近圆形，长宽近等，先端钝尖、急尖或短渐尖，基部圆形、截形或浅心形，边缘有密波状浅齿，发叶时显红色，萌枝叶大，三角状卵圆形，下面被柔毛。叶柄侧扁。花序轴有疏毛或密毛。苞片棕褐色，掌状条裂，边缘有密长毛。雄蕊 5 ~ 12，花药紫红色。子房圆锥形，柱头 2 深裂，带红色。蒴果卵状圆锥形，有短柄，2 瓣裂。花期 3 ~ 4 月，果期 4 ~ 5 月。

分布与生境

分布广泛，我国北自黑龙江、内蒙古、吉林、华北、西北、华中及西南高山地区均有分布，垂直分布自东北低山海拔 1 200 m 以下，到青海 2 600 m 以下，湖北西部、四川中部、云南在海拔 2 000 ~ 3 800 m。多生于山坡、山脊和沟谷地带，常形成小面积纯林或与其他树种形成混交林。朝鲜、俄罗斯东部也有分布。为强阳性树种，耐寒冷、耐干旱瘠薄土壤，在微酸性至中性土壤上皆可生长，适于山腹以下排水良好的肥沃土壤。天然更新能力强，在东北及华北常于老林破坏后，与桦木类混生或成纯林，形成天然次生林。根萌、分蘖能力强，可用分根分蘖及种子繁殖，插条栽干不易成活，干部易染心腐病，难成大材。

经济用途

木材白色，轻软，富弹性，比重 0.41，供造纸、火柴杆及民房建筑等用。树皮可作药用或提取栲胶。萌枝条可编筐。幼枝及叶为动物饲料。幼叶红艳、美观，可供观赏。对绿化荒山、保持水土有较大作用。

019 毛白杨

学名：*Populus tomentosa* Carrière **科名：**杨柳科 **属名：**杨属

识别特征

乔木，树皮幼时暗灰色，壮时灰绿色，渐变为灰白色，老时基部黑灰色，纵裂，粗糙，干直或微弯，皮孔菱形散生，或2 ~ 4连生。树冠圆锥形至卵圆形或圆形。侧枝开展，雄株斜上，老树枝下垂。小枝（嫩枝）初被灰毡毛，后光滑。芽卵形，花芽卵圆形或近球形，微被毡毛。长枝叶阔卵形或三角状卵形，先端短渐尖，基部心形或截形，边缘深齿牙缘或波状齿牙缘，上面暗绿色，光滑，下面密生毡毛，后渐脱落。叶柄上部侧扁，长3 ~ 7 cm，顶端通常有2（3 ~ 4）腺点。短枝叶通常较小，卵形或三角状卵形，先端渐尖，上面暗绿色，有金属光泽，下面光滑，具深波状齿牙缘。叶柄稍短于叶片，侧扁，先端无腺点。雄花苞片约具10个尖头，密生长毛，雄蕊6 ~ 12，花药红色。苞片褐色，尖裂，沿边缘有长毛。子房长椭圆形，柱头2裂，粉红色。蒴果圆锥形或长卵形，2瓣裂。花期3月，果期4月（河南、陕西）~ 5月（河北、山东）。

分布与生境

分布广泛，在辽宁（南部）、河北、山东、山西、陕西、甘肃、河南、安徽、江苏、浙江等省均有分布，以黄河流域中、下游为中心分布区。喜生于海拔1 500 m以下的温和平原地区。深根性，耐旱力较强，黏土、壤土、沙壤土或低湿轻度盐碱土均能生长。在水肥条件充足的地方生长最快，20年生即可成材。为我国良好的速生树种之一。

经济用途

可用播种、插条（须加以处理）、埋条、留根、嫁接等繁殖方法进行育苗造林。木材白色，纹理直，纤维含量高，易干燥，易加工，油漆及胶结性能好。可作建筑、家具、箱板及火柴杆、造纸等用材，是人造纤维的原料，树皮含鞣质5.18%，可提制栲胶。北京居民用雄花序喂猪，花序入药叫作“闹羊花”（陕西武功）。毛白杨材质好，生长快，寿命长，较耐干旱和盐碱，树姿雄壮，冠形优美，为各地群众所喜欢栽植的优良庭园绿化树种或行道树，也为华北地区速生用材造林树种，应大力推广。

020 小叶杨

学名： *Populus simonii* Carr. **科名：** 杨柳科 **属名：** 杨属

识别特征

乔木，树皮幼时灰绿色，老时暗灰色，沟裂。树冠近圆形。幼树小枝及萌枝有明显棱脊，常为红褐色，后变黄褐色，老树小枝圆形，细长而密，无毛。芽细长，先端长渐尖，褐色，有黏质。叶菱状卵形、菱状椭圆形或菱状倒卵形，中部以上较宽，先端突急尖或渐尖，基部楔形、宽楔形或窄圆形，边缘平整，细锯齿，无毛，上面淡绿色，下面灰绿或微白，无毛。叶柄圆筒形，黄绿色或带红色。花序轴无毛，苞片细条裂，雄蕊 8 ~ 9（25）。苞片淡绿色，裂片褐色，无毛，柱头 2 裂。蒴果小，2（3）瓣裂，无毛。花期 3 ~ 5 月，果期 4 ~ 6 月。

分布与生境

在我国分布广泛，东北、华北、华中、西北及西南各省区均产。垂直分布一般多生在 2 000 m 以下，最高可达 2 500 m。沿溪沟可见。多数散生或栽植于“四旁”。喜光树种，适应性强，对气候和土壤要求不严，耐旱，抗寒，耐瘠薄或弱碱性土壤，在砂地、荒地和黄土沟谷也能生长，但在湿润、肥沃土壤的河岸、山沟和平原上生长最好。在栗钙土上生长不好。根系发达，抗风力强，可用插条、埋条（干）、播种等法繁殖。为我国干旱地区群众所喜欢。

经济用途

木材轻软细致，供民用建筑、家具、火柴杆、造纸等用。为防风固沙、护堤固土、绿化观赏的树种，也是东北和西北防护林及用材林主要树种之一。

021 垂 柳

学名： *Salix babylonica* L. **科名：** 杨柳科 **属名：** 柳属

识别特征

乔木，树冠开展而疏散。树皮灰黑色，不规则开裂。枝细，下垂，淡褐黄色、淡褐色或带紫色，无毛。芽线形，先端急尖。叶狭披针形或线状披针形，先端长渐尖，基部楔形，两面无毛或微有毛，上面绿色，下面色较淡，锯齿缘。叶柄有短柔毛。托叶仅生在萌发枝上，斜披针形或卵圆形，边缘有齿牙。花序先叶开放，或与叶同时开放。雄花序有短梗，轴有毛。雄蕊 2，花丝与苞片近等长或较长，基部多少有长毛，花药红黄色。苞片披针形，外面有毛。腺体 2。雌花序有梗，基部有 3 ~ 4 小叶，轴有毛。子房椭圆形，无毛或下部稍有毛，无柄或近无柄，花柱短，柱头 2 ~ 4 深裂。苞片披针形，外面有毛。腺体 1。蒴果带绿黄褐色。花期 3 ~ 4 月，果期 4 ~ 5 月。

分布与生境

产于长江流域与黄河流域，其他各地均有栽培，为道旁、水边等绿化树种。耐水湿，也能生于干旱处。在亚洲、欧洲、美洲各国均有引种。

经济用途

多用插条繁殖。为优美的绿化树种。木材可制家具。枝条可编筐。树皮含鞣质，可提制栲胶。叶可作羊饲料。

022 旱 柳

学名： *Salix matsudana* Koidz. **科名：** 杨柳科 **属名：** 柳属

识别特征

乔木，大枝斜上，树冠广圆形。树皮暗灰黑色，有裂沟。枝细长，直立或斜展，浅褐黄色或带绿色，后变褐色，无毛，幼枝有毛。芽微有短柔毛。叶披针形，先端长渐尖，基部窄圆形或楔形，上面绿色，无毛，有光泽，下面苍白色或带白色，有细腺锯齿缘，幼叶有丝状柔毛。叶柄短，在上面有长柔毛。托叶披针形或缺，边缘有细腺锯齿。花序与叶同时开放。雄花序圆柱形，多少有花序梗，轴有长毛。雄蕊 2，花丝基部有长毛，花药卵形，黄色。苞片卵形，黄绿色，先端钝，基部多少有短柔毛。腺体 2。雌花序较雄花序短，有 3 ~ 5 小叶生于短花序梗上，轴有长毛。子房长椭圆形，近无柄，无毛，无花柱或很短，柱头卵形，近圆裂。苞片同雄花。腺体 2，背生和腹生。花期 4 月，果期 4 ~ 5 月。

分布与生境

产于东北、华北平原、西北黄土高原，西至甘肃、青海，南至淮河流域以及浙江、江苏。为平原地区常见树种。耐干旱、水湿、寒冷。朝鲜、日本、俄罗斯远东地区也有分布。

经济用途

用种子、扦插和埋条等方法繁殖。木材白色，质轻软，比重 0.45，供建筑器具、造纸、人造棉、火药等用。细枝可编筐。为早春蜜源树，又为固沙保土“四旁”绿化树种。叶为冬季羊饲料。

023 银叶柳

学名： *Salix chienii* Cheng **科名：** 杨柳科 **属名：** 柳属

识别特征

灌木或小乔木，树干通常弯曲，树皮暗褐灰色，纵浅裂。一年生枝带绿色，有绒毛，后紫褐色，近无毛。芽先端钝头，有短柔毛。叶长椭圆形，披针形或倒披针形，先端急尖或钝尖，基部阔楔形或近圆形，幼叶两面有绢状柔毛，成叶上面绿色，无毛或有疏毛，下面苍白色，有绢状毛，稀近无毛，侧脉 8 ~ 12 对，边缘具细腺锯齿，叶柄短，有绢状毛。花序与叶同时开放或稍先叶开放。雄花序圆柱状，花序梗短，基部有 3 ~ 7 小叶，轴有长毛。雄蕊 2，花丝基部合生，基部有毛，花药黄色。苞片倒卵形，先端近圆形或钝头，两面有长毛。腺体 2，背生和腹生。雌花序有短梗，基部有 3 ~ 5 小叶，轴有毛。子房卵形，无柄，无毛，花柱短而明显，柱头 2 裂，苞片卵形，先端圆形或钝头，两面无毛，有缘毛。腺体 1，腹生。蒴果卵状长圆形，花期 4 月，果期 5 月。

分布与生境

产于浙江、江西、江苏、安徽、湖北、湖南。生于溪流两岸的灌木丛中，海拔 500 ~ 600 m。

经济用途

材质轻，易切削，干燥后不变形，无特殊气味，可作建筑、坑木、箱板和火柴杆等用。木材纤维含量高，是造纸和人造棉原料。柳条可编筐、箱、帽等。柳叶可作羊、马等的饲料。为优美的观赏树种。

024 湖北枫杨

学名： *Pterocarya hupehensis* Skan **科名：** 胡桃科 **属名：** 枫杨属

识别特征

乔木，小枝深灰褐色，无毛或被稀疏的短柔毛，皮孔灰黄色，显著。芽显著具柄，裸出，黄褐色，密被盾状着生的腺体。奇数羽状复叶，叶柄无毛，长 5 ~ 7 cm。小叶 5 ~ 11 枚，纸质，侧脉 12 ~ 14 对，叶缘具单锯齿，上面暗绿色，被细小的疣状凸起及稀疏的腺体，沿中脉具稀疏的星芒状短毛，下面浅绿色，在侧脉腋内具 1 束星芒状短毛，侧生小叶对生或近于对生，长椭圆形至卵状椭圆形，下部渐狭，基部近圆形，歪斜，顶端短渐尖，中间以上的各对小叶较大，下端的小叶较小，顶生 1 枚小叶长椭圆形，基部楔形，顶端急尖。雄花序 3 ~ 5 条各由去年生侧枝顶端以下的叶痕腋内的诸裸芽发出，具短而粗的花序梗。雄花无柄，花被片仅 2 或 3 枚发育，雄蕊 10 ~ 13 枚。雌花序顶生，下垂。雌花的苞片无毛或具疏毛，小苞片及花被片均无毛而仅被有腺体。果序轴近于无毛或有稀疏短柔毛。果翅阔，椭圆状卵形。

分布与生境

产于我国湖北西部至四川西部、陕西南部至贵州北部。常生于河溪岸边、湿润的森林中。

经济用途

材质轻软，是家具、农具、火柴杆、茶叶箱等用材，也可作人造棉原料。树皮纤维拉力强，是造纸、人造棉和制绳等的优良原料。种子含油率 28.83%，是制肥皂和炼制飞机润滑油的优质原料。种子还可酿酒和作饲料。树冠宽广，树叶茂密，挂果持久，是美丽的园林绿化树种。

025 千金榆

学名：*Carpinus cordata* Bl. **科名：**桦木科 **属名：**鹅耳枥属

识别特征

乔木，树皮灰色。小枝棕色或橘黄色，具沟槽，初时疏被长柔毛，后变无毛。叶厚纸质，卵形或矩圆状卵形，较少倒卵形，长 8 ～ 15 cm，宽 4 ～ 5 cm，顶端渐尖，具刺尖，基部斜心形，边缘具不规则的刺毛状重锯齿，上面疏被长柔毛或无毛，下面沿脉疏被短柔毛，侧脉 15 ～ 20 对。叶柄无毛或疏被长柔毛。序梗无毛或疏被短柔毛。序轴密被短柔毛及稀疏的长柔毛。果苞宽卵状矩圆形，无毛，外侧的基部无裂片，内侧的基部具一矩圆形内折的裂片，全部遮盖着小坚果，中裂片外侧内折，其边缘的上部具疏齿，内侧的边缘具明显的锯齿，顶端锐尖。小坚果矩圆形，无毛，具不明显的细肋。

分布与生境

产于东北、华北、河南、陕西、甘肃。生于海拔 500 ～ 2 500 m 的较湿润、肥沃的阴山坡或山谷杂木林中。朝鲜、日本也有分布。

经济用途

枝叶茂密，叶形秀丽，颇美观，宜作为庭园观赏树种。

026 鹅耳枥

学名： *Carpinus turczaninowii* Hance　**科名：** 桦木科　**属名：** 鹅耳枥属

识别特征

乔木，树皮暗灰褐色，粗糙，浅纵裂。枝细瘦，灰棕色，无毛。小枝被短柔毛。叶卵形、宽卵形、卵状椭圆形或卵菱形，有时卵状披针形，顶端锐尖或渐尖，基部近圆形或宽楔形，有时微心形或楔形，边缘具规则或不规则的重锯齿，上面无毛或沿中脉疏生长柔毛，下面沿脉通常疏被长柔毛，脉腋间具髯毛，侧脉 8 ~ 12 对。叶柄疏被短柔毛。序梗、序轴均被短柔毛。果苞变异较大，半宽卵形、半卵形、半矩圆形至卵形，疏被短柔毛，顶端钝尖或渐尖，有时钝，内侧的基部具一个内折的卵形小裂片，外侧的基部无裂片，中裂片内侧边缘全缘或疏生不明显的小齿，外侧边缘具不规则的缺刻状粗锯齿或具 2 ~ 3 个齿裂。小坚果宽卵形，长约 3 mm，无毛，有时顶端疏生长柔毛，无或有时上部疏生树脂腺体。

分布与生境

产于辽宁南部、山西、河北、河南、山东、陕西、甘肃。生于海拔 500 ~ 2 000 m 的山坡或山谷林中，山顶及贫瘠山坡亦能生长。朝鲜、日本也有分布。

经济用途

木材坚韧，可制农具、家具、日用小器具等。种子含油，可供食用或工业用。

027 栗

学名： *Castanea mollissima* Blume **科名：** 壳斗科 **属名：** 栗属

识别特征

乔木，小枝灰褐色，托叶长圆形，被疏长毛及鳞腺。叶椭圆至长圆形，顶部短至渐尖，基部近截平或圆，或两侧稍向内弯而呈耳垂状，常一侧偏斜而不对称，新生叶的基部常狭楔尖且两侧对称，叶背被星芒状伏贴绒毛或因毛脱落变为几无毛。叶柄长 1 ～ 2 cm。花序轴被毛。花 3 ～ 5 朵聚生成簇，雌花 1 ～ 3（～ 5）朵发育结实，花柱下部被毛。成熟壳斗的锐刺有长有短，有疏有密，密时全遮蔽壳斗外壁，疏时则外壁可见。花期 4 ～ 6 月，果期 8 ～ 10 月。

分布与生境

除青海、宁夏、新疆、海南等少数省（区）外广布南北各地，在广东止于广州近郊，在广西止于平果市，在云南东南部则越过河口向南至越南沙坝地区。见于平地至海拔 2 800 m 山地，仅见栽培。栗树，因各地的气候、土壤与其他条件的不同，生境各异，致使树形高矮、叶背和果壳上的毛被、果的成熟期以及果的大小及其品质都有差异。吴耕民（《栗枣柿栽培》，农业出版社，1964 年）把栗树分为华北与华中两个大品种群。华北品种群又分为良乡小栗与华北魁栗两小品种群，约共有 10 个较优良的品种。华中品种据资料分析，选出了 20 个以上的优良品种。

经济用途

栗子除富含淀粉外，尚含单糖与双糖、胡萝卜素、硫胺素、核黄素、尼克酸、抗坏血酸、蛋白质、脂肪、无机盐类等营养物质。栗木的心材黄褐色，边材色稍淡，心边材界限不甚分明。纹理直，结构粗，坚硬，耐水湿，属优质材。壳斗及树皮富含没食子类鞣质。叶可作蚕饲料。

028 茅 栗

学名： *Castanea seguinii* Dode **科名：** 壳斗科 **属名：** 栗属

识别特征

小乔木或灌木状，小枝暗褐色，托叶细长，开花仍未脱落。叶倒卵状椭圆形或兼有长圆形的叶，顶部渐尖，基部楔尖（嫩叶）至圆或耳垂状（成长叶），基部对称至一侧偏斜，叶背有黄或灰白色鳞腺，幼嫩时沿叶背脉两侧有疏单毛。雄花簇有花 3 ~ 5 朵。雌花单生或生于混合花序的花序轴下部，每壳斗有雌花 3 ~ 5 朵，通常 1 ~ 3 朵发育结实，花柱 9 或 6 枚，无毛。壳斗外壁密生锐刺，宽略过于高，无毛或顶部有疏伏毛。花期 5 ~ 7 月，果期 9 ~ 11 月。

分布与生境

广布于大别山以南、五岭南坡以北各地。生于海拔 400 ~ 2 000 m 丘陵山地，较常见于山坡灌木丛中，与阔叶常绿或落叶树混生。

经济用途

果较小，但味较甜。树形矮，有试验将它作栗树的砧木，可提早结果及适当密植。

029 枹栎

学名：*Quercus serrata* Murray　**科名：**壳斗科　**属名：**栎属

识别特征

落叶乔木，树皮灰褐色，深纵裂。幼枝被柔毛，不久即脱落。冬芽长卵形，芽鳞多数，棕色，无毛或有极少毛。叶片薄革质，倒卵形或倒卵状椭圆形，顶端渐尖或急尖，基部楔形或近圆形，叶缘有腺状锯齿，幼时被伏贴单毛，老时及叶背被平伏单毛或无毛，侧脉每边7 ~ 12条。叶柄无毛。雄花序轴密被白毛，雄蕊8。雌花序壳斗杯状，包着坚果1/4 ~ 1/3。小苞片长三角形，贴生，边缘具柔毛。坚果卵形至卵圆形，果脐平坦。花期3 ~ 4月，果期9 ~ 10月。

分布与生境

产于辽宁（南部）、山西（南部）、陕西、甘肃、山东、江苏、安徽、河南、湖北、湖南、广东、广西、四川、贵州、云南等地。生于海拔200 ~ 2 000 m的山地或沟谷林中。日本、朝鲜也有分布。

经济用途

木材坚硬，供建筑、车辆等用。种子富含淀粉，供酿酒和作饮料。树皮可提取栲胶，叶可饲养柞蚕。

030 锐齿槲栎

学名： *Quercus aliena* var. *acutiserrata* Maximowicz ex Wenzig

科名： 壳斗科　**属名：** 栎属

识别特征

落叶乔木，树皮暗灰色，纵裂。小枝紫褐色，无毛。叶长椭圆形或倒卵状椭圆形，先端渐尖或急尖，基部楔形或近圆形，边缘有波状缺刻状粗齿，具较长内弯的腺尖头，侧脉 10 ~ 18 对，直达齿尖，背面密生灰白色星状绒毛。壳斗杯状，鳞片卵状披针形，在缘口处直伸，排列紧密，坚果卵圆形，近顶部微有毛。花期 4 ~ 5 月，果熟期 9 ~ 10 月。

分布与生境

产于河南伏牛山、大别山和桐柏山区；生于海拔 700 ~ 2 000 m 的山坡，常自生成纯林。分布于陕西、甘肃、湖北、四川、江苏、云南等省。

经济用途

木材坚硬，可作建筑、家具等用；种子含淀粉 50%，可酿酒、制粉条、制凉粉等。树皮、壳斗含鞣质，可提制栲胶。

031 槲 树

学名： *Quercus dentata* Thunb. **科名：** 壳斗科 **属名：** 栎属

识别特征

落叶乔木，树皮暗灰褐色，深纵裂。小枝粗壮，有沟槽，密被灰黄色星状绒毛。芽宽卵形，密被黄褐色绒毛。叶片倒卵形或长倒卵形，顶端短钝尖，叶面深绿色，基部耳形，叶缘波状裂片或粗锯齿，幼时被毛，后渐脱落，叶背面密被灰褐色星状绒毛，侧脉每边 4 ~ 10 条。托叶线状披针形，密被棕色绒毛。雄花序生于新枝叶腋，花序轴密被淡褐色绒毛，花数朵簇生于花序轴上。花被 7 ~ 8 裂，雄蕊通常 8 ~ 10 枚。雌花序生于新枝上部叶腋，壳斗杯形，包着坚果 1/2 ~ 1/3。小苞片革质，窄披针形，反曲或直立，红棕色，外面被褐色丝状毛，内面无毛。坚果卵形至宽卵形，无毛，有宿存花柱。花期 4 ~ 5 月，果期 9 ~ 10 月。

分布与生境

产于黑龙江、吉林、辽宁、河北、山西、陕西、甘肃、山东、江苏、安徽、浙江、台湾、河南、湖北、湖南、四川、贵州、云南等省。生于海拔 50 ~ 2 700 m 的杂木林或松林中。朝鲜、日本也有分布。

经济用途

木材为环孔材，边材淡黄色至褐色，心材深褐色，气干密度 0.80 g/cm^3，材质坚硬，耐磨损，易翘裂，作坑木、地板等用材。叶含蛋白质 14.9 %，可饲养柞蚕。种子含淀粉 58.7%，含单宁 5.0%，可酿酒或作饲料。树皮、种子入药作收敛剂。树皮、壳斗可提取栲胶。

032 小叶青冈

学名：*Quercus myrsinifolia* Blume　**科名：**壳斗科　**属名：**栎属

识别特征

常绿乔木，小枝无毛，被凸起淡褐色长圆形皮孔。叶卵状披针形或椭圆状披针形，顶端长渐尖或短尾状，基部楔形或近圆形，叶缘中部以上有细锯齿，侧脉每边 9 ~ 14 条，常不达叶缘，叶背支脉不明显，叶面绿色，叶背粉白色，干后为暗灰色，无毛。叶柄无毛。花序壳斗杯形，包着坚果 1/3 ~ 1/2，壁薄而脆，内壁无毛，外壁被灰白色细柔毛。小苞片合生成 6 ~ 9 条同心环带，环带全缘。坚果卵形或椭圆形，无毛，顶端圆，柱座明显，有 5 ~ 6 条环纹。果脐平坦。花期 6 月，果期 10 月。

分布与生境

产区很广，北自陕西、河南南部，东自福建、台湾，南至广东、广西，西南至四川、贵州、云南等地。生于海拔 200 ~ 2 500 m 的山谷、阴坡杂木林中。越南、老挝、日本均有分布。

经济用途

木材坚硬，不易开裂，富弹性，能受压，为枕木、车轴良好材料。

033 榆树

学名： *Ulmus pumila* L.　**科名：** 榆科　**属名：** 榆属

识别特征

落叶乔木，在干瘠之地长成灌木状。幼树树皮平滑，灰褐色或浅灰色，大树之皮暗灰色，不规则深纵裂，粗糙。小枝无毛或有毛，淡黄灰色、淡褐灰色或灰色，稀淡褐黄色或黄色，有散生皮孔，无膨大的木栓层及凸起的木栓翅。冬芽近球形或卵圆形，芽鳞背面无毛，内层芽鳞的边缘具白色长柔毛。叶椭圆状卵形、长卵形、椭圆状披针形或卵状披针形，先端渐尖或长渐尖，基部偏斜或近对称，一侧楔形至圆，另一侧圆至半心脏形，叶面平滑无毛，叶背幼时有短柔毛，后变无毛或部分脉腋有簇生毛，边缘具重锯齿或单锯齿，侧脉每边 9 ～ 16 条，叶柄通常仅上面有短柔毛。花先叶开放，在去年生枝的叶腋成簇生状。翅果近圆形，稀倒卵状圆形，除顶端缺口柱头面被毛外，余处无毛，果核部分位于翅果的中部，上端不接近或接近缺口，成熟前后其色与果翅相同，初淡绿色，后白黄色，宿存花被无毛，4 浅裂，裂片边缘有毛，果梗较花被为短，被（或稀无）短柔毛。花果期 3 ～ 6 月（东北较晚）。

分布与生境

分布于东北、华北、西北及西南各省区。生于海拔 1 000 ～ 2 500 m 以下的山坡、山谷、川地、丘陵及沙岗等处。长江下游各省有栽培。也为华北及淮北平原农村的习见树木。朝鲜、俄罗斯、蒙古也有分布。

经济用途

边材窄，淡黄褐色，心材暗灰褐色，纹理直，结构略粗，坚实耐用。供家具、车辆、农具、器具、桥梁、建筑等用。树皮内含淀粉及黏性物，磨成粉称榆皮面。掺和面粉中可食用，并可作醋原料。枝皮纤维坚韧，可代麻制绳索、麻袋或作人造棉与造纸原料。幼嫩翅果与面粉混拌可蒸食，老果含油 25%，可供医药和轻、化工业用。叶可作饲料。树皮、叶及翅果均可药用，能安神、利小便。阳性树，生长快，根系发达，适应性强，能耐干冷气候及中度盐碱，但不耐水湿（能耐雨季水涝）。在土壤深厚、肥沃、排水良好的冲积土及黄土高原生长良好。可作西北荒漠、华北和淮北平原、丘陵及东北荒山、沙地与滨海盐碱地的造林或“四旁”绿化树种。

034 大果榉

学名： *Zelkova sinica* Schneid. **科名：** 榆科 **属名：** 榉属

识别特征

乔木，树皮灰白色，呈块状剥落。一年生枝褐色或灰褐色，被灰白色柔毛，以后渐脱落，二年生枝灰色或褐灰色，光滑。冬芽椭圆形或球形。叶纸质或厚纸质，卵形或椭圆形，先端渐尖、尾状渐尖，稀急尖，基部圆或宽楔形，有的稍偏斜，叶面绿，幼时疏生粗毛，后脱落变光滑，叶背浅绿，除在主脉上疏生柔毛和脉腋有簇毛外，其余光滑无毛，边缘具浅圆齿状或圆齿状锯齿，侧脉 6 ~ 10 对。叶柄较我国的其余 2 种纤细，被灰色柔毛。托叶膜质，褐色，披针状条形。雄花 1 ~ 3 朵腋生，花被（5 ~ ）6（ ~ 7）裂，裂至近中部，裂片卵状矩圆形，外面被毛，在雄蕊基部有白色细曲柔毛，退化子房缺。雌花单生于叶腋，花被裂片 5 ~ 6，外面被细毛，子房外面被细毛。核果不规则的倒卵状球形，顶端微偏斜，几乎不凹陷，表面光滑无毛，除背腹脊隆起外，几乎无凸起的网脉，果梗被毛。花期 4 月，果期 8 ~ 9 月。本种的核果较大叶榉、榉树为大，顶端不凹陷，具果梗，叶较小，易于识别。

分布与生境

特产于我国，分布于甘肃、陕西、四川北部、湖北西北部、河南、山西南部和河北等地。常生于海拔 800 ~ 2 500 m 地带的山谷、溪旁及较湿润的山坡疏林中。陕、甘一带常有栽培。

经济用途

根系发达，树冠庞大，是良好的水土保持树种，对土壤也有一定的改良作用。

035 大叶榉

学名：*Zelkova schneideriana* Hand.-Mazz.　**科名：**榆科　**属名：**榉属

识别特征

乔木，树皮灰褐色至深灰色，呈不规则的片状剥落。当年生枝灰绿色或褐灰色，密生伸展的灰色柔毛。冬芽常 2 个并生，球形或卵状球形。叶厚纸质，大小形状变异很大，卵形至椭圆状披针形，先端渐尖，尾状渐尖或锐尖，基部稍偏斜，圆形、宽楔形，稀浅心形，叶面绿，干后深绿至暗褐色，被糙毛，叶背浅绿，干后变淡绿色至紫红色，密被柔毛，边缘具圆齿状锯齿，侧脉 8 ~ 15 对。叶柄粗短，被柔毛。雄花 1 ~ 3 朵簇生于叶腋，雌花或两性花常单生于小枝上部叶腋。核果与榉树相似。花期 4 月，果期 9 ~ 11 月。

分布与生境

产于陕西南部、甘肃南部、江苏、安徽、浙江、江西、福建、河南南部、湖北、湖南、广东、广西、四川东南部、贵州、云南和西藏东南部。常生于溪间水旁或山坡土层较厚的疏林中，海拔 200 ~ 1 100 m，在云南和西藏可达 1 800 ~ 2 800 m。华东和中南地区有栽培。

经济用途

木材致密坚硬，纹理美观，不易伸缩与反挠，耐腐力强，其老树材常带红色，故有“血榉”之称，为供造船、桥梁、车辆、家具、器械等用的上等木材。树皮含纤维 46%，可作人造棉、绳索和造纸原料。

036 黑弹树

学名： *Celtis bungeana* Bl. **科名：** 大麻科 **属名：** 朴属

识别特征

落叶乔木，树皮灰色或暗灰色。当年生小枝淡棕色，老后色较深，无毛，散生椭圆形皮孔，去年生小枝灰褐色。冬芽棕色或暗棕色，鳞片无毛。叶厚纸质，狭卵形、长圆形、卵状椭圆形至卵形，基部宽楔形至近圆形，稍偏斜至几乎不偏斜，先端尖至渐尖，中部以上疏具不规则浅齿，有时一侧近全缘，无毛。叶柄淡黄色，上面有沟槽，幼时槽中有短毛，老后脱净。萌发枝上的叶形变异较大，先端可具尾尖且有糙毛。果单生叶腋（在极少情况下，一总梗上可具 2 果），果柄较细软，无毛，果成熟时蓝黑色，近球形。核近球形，肋不明显，表面极大部分近平滑或略具网孔状凹陷。花期 4 ～ 5 月，果期 10 ～ 11 月。

分布与生境

产于辽宁南部和西部、河北、山东、山西、内蒙古、甘肃、宁夏、青海（循化）、陕西、河南、安徽、江苏、浙江、湖南（沅陵）、江西（庐山）、湖北、四川、云南东南部、西藏东部。多生于路旁、山坡、灌丛或林边，海拔 150 ～ 2 300 m。朝鲜也有分布。

经济用途

树形美观，树冠圆满宽广，绿荫浓郁，是城乡绿化的良好树种。木材坚硬，可作工业用材。

037 朴树

学名：*Celtis sinensis* Pers. **科名：**大麻科 **属名：**朴属

识别特征

高大落叶乔木，一年生枝密被柔毛，芽鳞无毛。叶卵形或卵状椭圆形，先端尖或渐尖，基部近对称或稍偏斜，近全缘或中上部具圆齿。果单生叶腋，稀 2 ~ 3 集生，近球形，成熟时黄色或橙黄色，具果柄。果核近球形，白色。朴树的叶多为卵形或卵状椭圆形，但不带菱形，基部几乎不偏斜或仅稍偏斜，先端尖至渐尖，但不为尾状渐尖，叶质地也不及前一亚种那样厚。果也较小。花期 3 ~ 4 月，果期 9 ~ 10 月。

分布与生境

产于山东（青岛、崂山）、河南、江苏、安徽、浙江、福建、江西、湖南、湖北、四川、贵州、广西、广东、台湾。多生于路旁、山坡、林缘，海拔 100 ~ 1 500 m。

经济用途

根、皮、嫩叶入药有消肿止痛、解毒治热的功效，外敷治水火烫伤。叶制土农药，可杀红蜘蛛。茎皮为造纸和人造棉原料，果实榨油作润滑油，木树坚硬，可作工业用材，茎皮纤维强韧，可作绳索和人造纤维。朴树树冠圆满宽广，树荫浓郁，是优良的行道树品种，主要用于绿化道路，栽植于公园、小区作景观树等。对二氧化硫、氯气等有毒气体的抗性强。绿化效果体现速度快，移栽成活率高，造价低廉。农村“四旁”绿化都可用，也是河网区防风固堤树种。

038 华 桑

学名： *Morus cathayana* Hemsl. **科名：** 桑科 **属名：** 桑属

识别特征

小乔木或为灌木状。树皮灰白色，平滑。小枝幼时被细毛，成长后脱落，皮孔明显。叶厚纸质，广卵形或近圆形，先端渐尖或短尖，基部心形或截形，略偏斜，边缘具疏浅锯齿或钝锯齿，有时分裂，表面粗糙，疏生短伏毛，基部沿叶脉被柔毛，背面密被白色柔毛。叶柄粗壮，被柔毛。托叶披针形。花雌雄同株异序，雄花花被片 4，黄绿色，长卵形，外面被毛，雄蕊 4，退化雌蕊小。雌花花被片倒卵形，先端被毛，花柱短，柱头 2 裂，内面被毛。聚花果圆筒形，成熟时白色、红色或紫黑色。花期 4 ~ 5 月，果期 5 ~ 6 月。

分布与生境

产于河北、山东、河南、江苏、陕西、湖北、安徽、浙江、湖南、四川等地。常生于海拔 900 ~ 1 300 m 的向阳山坡或沟谷，性耐干旱。朝鲜、日本也有。

经济用途

叶背多糙毛，不宜养蚕。

039 蒙　桑

学名： *Morus mongolica* (Bur.) Schneid.　**科名：** 桑科　**属名：** 桑属

识别特征

小乔木或灌木，树皮灰褐色，纵裂。小枝暗红色，老枝灰黑色。冬芽卵圆形，灰褐色。叶长椭圆状卵形，先端尾尖，基部心形，边缘具三角形单锯齿，稀为重锯齿，齿尖有长刺芒，两面无毛。雄花花被暗黄色，外面及边缘被长柔毛，花药2室，纵裂。雌花花序短圆柱状，总花梗纤细。雌花花被片外面上部疏被柔毛，或近无毛。花柱长，柱头2裂，内面密生乳头状突起。聚花果成熟时红色至紫黑色。花期3～4月，果期4～5月。

分布与生境

产于黑龙江、吉林、辽宁、内蒙古、新疆、青海、河北、山西、河南、山东、陕西、安徽、江苏、湖北、四川、贵州、云南等地区，生于海拔800～1 500 m的山地或林中。蒙古和朝鲜也有分布。

经济用途

韧皮纤维为高级造纸原料，脱胶后可作纺织原料。根皮入药。

040 鸡 桑

学名： *Morus australis* Poir. **科名：** 桑科 **属名：** 桑属

识别特征

灌木或小乔木，树皮灰褐色，冬芽大，圆锥状卵圆形。叶卵形，先端急尖或尾状，基部楔形或心形，边缘具粗锯齿，不分裂或 3 ~ 5 裂，表面粗糙，密生短刺毛，背面疏被粗毛。叶柄被毛。托叶线状披针形，早落。雄花序被柔毛，雄花绿色，具短梗，花被片卵形，花药黄色。雌花序球形，密被白色柔毛，雌花花被片长圆形，暗绿色，花柱很长，柱头 2 裂，内面被柔毛。聚花果短椭圆形，成熟时红色或暗紫色。花期 3 ~ 4 月，果期 4 ~ 5 月。

分布与生境

产于辽宁、河北、陕西、甘肃、山东、安徽、浙江、江西、福建、台湾、河南、湖北、湖南、广东、广西、四川、贵州、云南、西藏等地。常生于海拔 500 ~ 1 000 m 的石灰岩山地或林缘及荒地。朝鲜、日本、斯里兰卡、不丹、尼泊尔及印度也有分布。

经济用途

韧皮纤维可以造纸，果实成熟时味甜可食。

041 大 麻

学名： *Cannabis sativa* L.　**科名：** 大麻科　**属名：** 大麻属

识别特征

一年生直立草本，高 1 ~ 3 m，枝具纵沟槽，密生灰白色贴伏毛。叶掌状全裂，裂片披针形或线状披针形，长 7 ~ 15 cm，中裂片最长，宽 0.5 ~ 2 cm，先端渐尖，基部狭楔形，表面深绿，微被糙毛，背面幼时密被灰白色贴状毛，后变无毛，边缘具向内弯的粗锯齿，中脉及侧脉在表面微下陷，背面隆起；叶柄长 3 ~ 15 cm，密被灰白色贴伏毛；托叶线形。雄花序长达 25 cm；花黄绿色，花被 5，膜质，外面被细伏贴毛，雄蕊 5，花丝极短，花药长圆形；小花柄长 2 ~ 4 mm；雌花绿色；花被 1，紧包子房，略被小毛；子房近球形，外面包有苞片。瘦果为宿存黄褐色苞片所包，果皮坚脆，表面具细网纹。花期 5 ~ 6 月，果期为 7 月。

分布与生境

原产于锡金、不丹、印度和中亚，现各国均有野生或栽培。我国各地也有栽培或沦为野生。

经济用途

茎皮纤维长而坚韧，可用以织麻布或纺线，制绳索，编织渔网和造纸；种子榨油，含油量 30%，可供做油漆、涂料等，油渣可作饲料。果实中医称“火麻仁”或“大麻仁”，入药，性平，味甘，功能：润肠，主治大便燥结。花称“麻勃”，主治恶风、经闭、健忘。果壳和苞片称“麻蕡”，有毒，治劳伤、破积、散脓，多服令人发狂。叶含麻醉性树脂，可以配制麻醉剂。

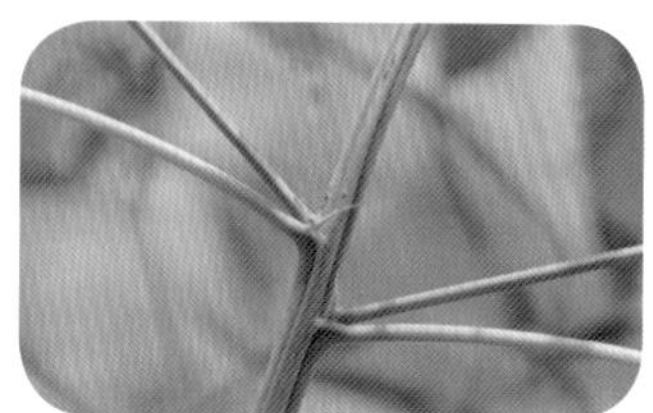

042 葎 草

学名： *Humulus scandens* (Lour.) Merr. **科名：** 大麻科 **属名：** 葎草属

识别特征

缠绕草本，茎、枝、叶柄均具倒钩刺。叶纸质，肾状五角形，掌状 5 ~ 7 深裂，稀为 3 裂，基部心脏形，表面粗糙，疏生糙伏毛，背面有柔毛和黄色腺体，裂片卵状三角形，边缘具锯齿，雄花小，黄绿色，圆锥花序。雌花序球果状，苞片纸质，三角形，顶端渐尖，具白色绒毛。子房为苞片包围，柱头 2，伸出苞片外。瘦果成熟时露出苞片外。花期春夏季，果期秋季。

分布与生境

我国除新疆、青海外，南北各省区均有分布。常生于沟边、荒地、废墟、林缘边。日本、越南也有。

经济用途

本草可作药用，茎皮纤维可作造纸原料，种子油可制肥皂，果穗可代啤酒花 H. lupulus 用。

043 无花果

学名： *Ficus carica* L.　**科名：** 桑科　**属名：** 榕属

识别特征

落叶灌木，多分枝。树皮灰褐色，皮孔明显。小枝直立，粗壮。叶互生，厚纸质，广卵圆形，长宽近相等，通常 3 ～ 5 裂，小裂片卵形，边缘具不规则钝齿，表面粗糙，背面密生细小钟乳体及灰色短柔毛，基部浅心形，基生侧脉 3 ～ 5 条，侧脉 5 ～ 7 对。叶柄粗壮。托叶卵状披针形，红色。雌雄异株，雄花和瘿花同生于一榕果内壁，雄花生内壁口部，花被片 4 ～ 5，雄蕊 3，有时 1 或 5，瘿花花柱侧生，短。雌花花被与雄花同，子房卵圆形，光滑，花柱侧生，柱头 2 裂，线形。榕果单生叶腋，大而梨形，顶部下陷，成熟时紫红色或黄色，基生苞片 3，卵形。瘦果透镜状。花果期 5 ～ 7 月。

分布与生境

原产于地中海沿岸。分布于土耳其至阿富汗。我国唐代即从波斯传入，现南北均有栽培，新疆南部尤多。

经济用途

鲜幼果及鲜叶治痔疮疗效良好。榕果味甜可食或作蜜饯，又可作药用。也供庭园观赏。

044 珠芽艾麻

学名： *Laportea bulbifera* (Sieb. et Zucc.) Wedd. **科名：** 荨麻科 **属名：** 艾麻属

识别特征

多年生草本，茎上部有柔毛，珠芽 1 ~ 3，腋生，径 3 ~ 6 mm；叶卵形或披针形，稀宽卵形，长 8 ~ 16 cm，先端渐尖，基部宽楔形或圆形，具牙齿，两面被糙伏毛和稀疏刺毛，下面浅绿色，钟乳体细点状，基出脉 3，侧脉 4 ~ 6 对；叶柄长 1.5 ~ 1.8 cm，托叶长圆状披针形，长 0.5 ~ 1 cm，2 浅裂；花序圆锥状；雄花序生于茎上部叶腋，长 3 ~ 10 cm，雌花序生于茎顶或近顶部叶腋，长 10 ~ 25 cm，花序梗长 5 ~ 12 cm；雄花花被片 5；雌花侧生花被片长圆状卵形或窄倒卵形，长约 1 mm，背生 1 枚圆卵形，兜状，长约 0.5 mm，腹生 1 枚三角状卵形，长约 0.3 mm；子房具雌蕊柄，柱头丝形，长 2 ~ 4 mm；瘦果圆倒卵形或近半圆形，偏斜，扁平，长 2 ~ 3 mm，有紫褐色斑点；雌蕊柄后下弯；宿存花被片侧生 2 枚伸达果近中部；果柄具膜质翅，有时果序分枝翅状，匙形，顶端凹缺。花期 7 ~ 8 月，果期 8 ~ 11 月。

分布与生境

产于黑龙江、吉林、辽宁、山东、河北、山西、河南、安徽、陕西、甘肃、四川、西藏、云南、贵州、广西北部、广东北部、湖南、湖北、江西、浙江和福建北部。生于海拔 1 000 ~ 2 400 m 山坡林下或林缘路边半阴坡湿润处。分布于日本、朝鲜、俄罗斯、锡金、印度、斯里兰卡和印度尼西亚爪哇。本种广布于亚洲东部和南部，适应性较强，形态变异也很大。

经济用途

韧皮纤维坚韧，可供纺织用，嫩叶可食。

045 毛花点草

学名： *Nanocnide lobata* Wedd. **科名：** 荨麻科 **属名：** 花点草属

识别特征

一年生或多年生草本。茎柔软，铺散丛生，自基部分枝，常半透明，有时下部带紫色，被向下弯曲的微硬毛。叶膜质，宽卵形至三角状卵形，先端钝或锐尖，基部近截形至宽楔形，边缘每边具 4 ～ 5（～ 7）枚不等大的粗圆齿或近裂片状粗齿，齿三角状卵形，顶端锐尖或钝，先端的一枚常较大，稀全绿，茎下部的叶较小，扇形，先端钝或圆形，基部近截形或浅心形，上面深绿色，疏生小刺毛和短柔毛，下面浅绿色，略带光泽，在脉上密生紧贴的短柔毛，基出脉 3 ～ 5 条，两面散生短杆状钟乳体。叶柄在茎下部的长过叶片，茎上部的短于叶片，被向下弯曲的短柔毛。托叶膜质，卵形，具缘毛。雄花序常生于枝的上部叶腋，稀数朵雄花散生于雌花序的下部，具短梗。雌花序由多数花组成团聚伞花序，生于枝的顶部叶腋或茎下部裸茎的叶腋内（有时花枝梢也无叶），具短梗或无梗。雄花淡绿色。花被深裂，裂片卵形，背面上部有鸡冠突起，其边缘疏生白色小刺毛。退化雌蕊宽倒卵形，透明。花被片绿色，不等 4 深裂，外面一对较大，近舟形，长过子房，在背部龙骨上和边缘密生小刺毛，内面一对裂片较小，狭卵形，与子房近等长。瘦果卵形，压扁，褐色，有疣点状突起，外面围以稍大的宿存花被片。花期 4 ～ 6 月，果期 6 ～ 8 月。

分布与生境

产于云南东部、四川、贵州、湖北、湖南、广西、广东、台湾、福建、江西、浙江、江苏、安徽等地。生于山谷、溪旁和石缝、路旁阴湿地区和草丛中，海拔 25 ～ 1 400 m。也分布于越南。

经济用途

全草入药。有清热解毒之效，可用于治疗烧烫伤、热毒疮、湿疹、肺热咳嗽、痰中带血等症。

046 冷水花

学名： *Pilea notata* C. H. Wright **科名：** 荨麻科 **属名：** 冷水花属

识别特征

多年生草本，具匍匐茎。茎肉质，纤细，中部稍膨大，无毛，稀上部有短柔毛，密布条形钟乳体。叶纸质，同对的近等大，狭卵形、卵状披针形或卵形，先端尾状渐尖或渐尖，基部圆形，稀宽楔形，边缘自下部至先端有浅锯齿，稀有重锯齿，上面深绿色，有光泽，下面浅绿色，钟乳体条形，两面密布，明显，基出脉 3 条，其侧出的 2 条弧曲，伸达上部与侧脉环结，侧脉 8 ～ 13 对，稍斜展呈网脉。叶柄纤细，常无毛，稀有短柔毛。托叶大，带绿色，长圆形，脱落。花雌雄异株。雄花序聚伞总状，有少数分枝，团伞花簇疏生于花枝上。雌聚伞花序较短而密集。雄花具梗或近无梗。花被片绿黄色，4 深裂，卵状长圆形，先端锐尖，外面近先端处有短角状突起。雄蕊 4，花药白色或带粉红色，花丝与药隔红色。退化雌蕊小，圆锥状。瘦果小，圆卵形，顶端歪斜，熟时绿褐色，有明显刺状小疣点突起。花期 6 ～ 9 月，果期 9 ～ 11 月。

分布与生境

产于广东、广西、湖南、湖北、贵州、四川、甘肃南部、陕西南部、河南南部、安徽南部、江西、浙江、福建和台湾。生于山谷、溪旁或林下阴湿处，海拔 300 ～ 1 500 m。日本有分布。

经济用途

全草药用，有清热利湿、生津止渴和退黄护肝之效。

047 透茎冷水花

学名： *Pilea pumila* (L.) A. Gray　**科名：** 荨麻科　**属名：** 冷水花属

识别特征

一年生草本。茎肉质，直立，无毛，分枝或不分枝。叶近膜质，同对的近等大，近平展，菱状卵形或宽卵形，先端渐尖、短渐尖、锐尖或微钝（尤在下部的叶），基部常宽楔形，有时钝圆，边缘除基部全缘外，其上有牙齿或牙状锯齿，稀近全缘，两面疏生透明硬毛，钟乳体条形，基出脉 3 条，侧出的一对微弧曲，伸达上部与侧脉网结或达齿尖，侧脉数对，不明显，上部的几对常网结。叶柄上部近叶片基部常疏生短毛。托叶卵状长圆形，后脱落。花雌雄同株并常同序，雄花常生于花序的下部，花序蝎尾状，密集，生于几乎每个叶腋，雌花枝在果时增长。雄花具短梗或无梗，在芽时倒卵形。花被片常 2，有时 3 ~ 4，近船形，外面近先端处有短角突起。雌花花被片 3，近等大，或侧生的 2 枚较大，中间的一枚较小，条形，在果时长不过果实或与果实近等长，而不育的雌花花被片更长。退化雄蕊在果时增大，椭圆状长圆形，长及花被片的一半。瘦果三角状卵形，扁，初时光滑，常有褐色或深棕色斑点，熟时色斑多少隆起。花期 6 ~ 8 月，果期 8 ~ 10 月。

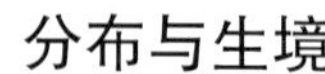

分布与生境

除新疆、青海、台湾和海南外，分布几遍及全国。生于海拔 400 ~ 2 200 m 山坡林下或岩石缝的阴湿处。俄罗斯西伯利亚、蒙古、朝鲜、日本和北美温带地区广泛分布。

经济用途

根、茎药用，有利尿解热和安胎之效。

048 粗齿冷水花

学名： *Pilea sinofasciata* C. J. Chen　**科名：** 荨麻科　**属名：** 冷水花属

识别特征

草本。茎肉质，有时上部有短柔毛，几乎不分枝。叶同对近等大，椭圆形、卵形、椭圆状或长圆状披针形、稀卵形，先端常长尾状渐尖，稀锐尖或渐尖，基部楔形或钝圆形，边缘在基部以上有粗大的牙齿或牙齿状锯齿。下部的叶常渐变小，倒卵形或扇形，先端锐尖或近圆形，有数枚粗钝齿，上面沿着中脉常有2条白斑带，疏生透明短毛，后渐脱落，下面近无毛或有时在脉上有短柔毛，钟乳体蠕虫形，不明显，常在下面围着细脉增大的结节点排成星状，基出脉3条，其侧生的2条与中脉成20° ～ 30° 的夹角并伸达上部与邻近侧脉环结，侧脉下部的数对不明显，上部的3 ～ 4对明显增粗结成网状。叶柄上部常有短毛，有时整个叶柄生短柔毛。托叶小，膜质，三角形，宿存。花雌雄异株或同株。花序聚伞圆锥状，具短梗，长不过叶柄。雄花具短梗。花被片4，合生至中下部，椭圆形，内凹，先端钝圆，其中2枚在外面近先端处有不明显的短角状突起，有时（尤其在花芽时）有较明显的短角。雄蕊4。退化雌蕊小，圆锥状。瘦果圆卵形，顶端歪斜，熟时外面常有细疣点，宿存花被片在下部合生，宽卵形，先端钝圆，边缘膜质，长及果的约一半。退化雄蕊长圆形，长约0.4 mm。花期6 ～ 7月，果期8 ～ 10月。

分布与生境

产于浙江、安徽、江西、广东、广西、湖南、湖北、陕西南部、甘肃东南部、四川、贵州和云南。生于海拔700 ～ 2 500 m山坡林下阴湿处。

经济用途

有一定的观赏价值，其整株能入药，具有一定的药用价值。

049 糯米团

学名： *Gonostegia hirta* (Bl.) Miq. **科名：** 荨麻科 **属名：** 糯米团属

识别特征

多年生草本，有时茎基部变木质。茎蔓生、铺地或渐升，不分枝或分枝，上部带四棱形，有短柔毛。叶对生。叶片草质或纸质，宽披针形至狭披针形、狭卵形、稀卵形或椭圆形，顶端长渐尖至短渐尖，基部浅心形或圆形，边缘全缘，上面稍粗糙，有稀疏短伏毛或近无毛，下面沿脉有疏毛或近无毛，基出脉 3 ~ 5 条。托叶钻形。团伞花序腋生，通常两性，有时单性，雌雄异株。苞片三角形。雄花花蕾在内折线上有稀疏长柔毛。花被片 5，分生，倒披针形，顶端短骤尖。雄蕊 5，花丝条形。退化雌蕊极小，圆锥状。雌花：花被菱状狭卵形，顶端有 2 小齿，有疏毛，果期呈卵形，有 10 条纵肋。柱头长约 3 mm，有密毛。瘦果卵球形，白色或黑色，有光泽。花期 5 ~ 9 月。

分布与生境

自西藏东南部、云南、华南至陕西南部及河南南部广布。生于丘陵或低山林中、灌丛中、沟边草地，海拔 100 ~ 1 000 m，在云贵高原一带可达 1 500 ~ 2 700 m。亚洲热带和亚热带地区及澳大利亚也广布。

经济用途

茎皮纤维可制人造棉，供混纺或单纺。全草药用，治消化不良、食积胃痛等症，外用治血管神经性水肿、疔疮疖肿、乳腺炎、外伤出血等症。全草可饲猪。

050 苎 麻

学名：*Boehmeria nivea* (L.) Gaudich. **科名：**荨麻科 **属名：**苎麻属

识别特征

亚灌木或灌木，茎上部与叶柄均密被开展的长硬毛和近开展及贴伏的短糙毛。叶互生。叶片草质，通常圆卵形或宽卵形，少数卵形，顶端骤尖，基部近截形或宽楔形，边缘在基部之上有牙齿，上面稍粗糙，疏被短伏毛，下面密被雪白色毡毛，侧脉约 3 对。托叶分生，钻状披针形，背面被毛。圆锥花序腋生，或植株上部的为雌性，其下的为雄性，或同一植株的全为雌性。雄团伞花序有少数雄花。雌团伞花序有多数密集的雌花。雄花：花被片 4，狭椭圆形，合生至中部，顶端急尖，外面有疏柔毛。雄蕊 4，退化雌蕊狭倒卵球形，顶端有短柱头。雌花：花被椭圆形，顶端有 2 ～ 3 小齿，外面有短柔毛，果期菱状倒披针形。柱头丝形。瘦果近球形，光滑，基部突缩成细柄。花期 8 ～ 10 月。

分布与生境

产于云南、贵州、广西、广东、福建、江西、台湾、浙江、湖北、四川、甘肃、陕西、河南南部。越南、老挝等地广泛栽培。生于山谷林边或草坡，海拔 200 ～ 1 700 m。主产区在江西北部、湖南北部及四川中部等地区。

经济用途

茎皮纤维细长，强韧，洁白，有光泽，拉力强，耐水湿，富弹力和绝缘性，可织成夏布（湖南浏阳及江西万载等地出产的夏布最为著名）、飞机的翼布、橡胶工业的衬布、电线包被、白热灯纱、渔网，制人造丝、人造棉等，与羊毛、棉花混纺可制高级衣料。短纤维可作为高级纸张、火药、人造丝等的原料，又可织地毯、麻袋等。药用：根为利尿解热药，并有安胎作用。叶为止血剂，治创伤出血。根、叶并用治急性淋浊、尿道炎出血等症。嫩叶可养蚕，作饲料。种子可榨油，供制肥皂和食用。

051 赤 麻

学名： *Boehmeria silvestrii* (Pampanini) W. T. Wang **科名：** 荨麻科 **属名：** 苎麻属

识别特征

多年生草本或亚灌木。茎下部无毛，上部疏被短伏毛。叶对生，同一对叶不等大或近等大。叶片薄草质，茎中部的近五角形或圆卵形，顶端三或五骤尖，基部宽楔形或截状楔形，茎上部叶渐变小，常为卵形，顶部三或一骤尖，边缘自基部之上有牙齿，两面疏被短伏毛，下面有时近无毛，侧脉1（～2）对。穗状花序单生叶腋，雌雄异株，或雌雄同株，此时，茎上部的雌性，下部的雄性或两性（含有雄的和雌的团伞花序），不分枝。团伞花序直径1～3 mm。苞片三角形或狭披针形。雄花无梗或有短梗。花被片4，船状椭圆形，合生至中部，外面疏被短柔毛。雄蕊4。退化雌蕊椭圆形。雌花：花被狭椭圆形或椭圆形，顶端有2小齿，外面密被短柔毛，果期呈菱状倒卵形。瘦果近卵球形或椭圆球形，光滑，基部具短柄。花期6～8月。

分布与生境

产于四川、湖北西部、甘肃南部、陕西南部、河南西部、河北西部及北部、山东东部、辽宁南部、吉林东南部。生于丘陵或低山草坡、山谷石边阴湿处、沟边，海拔700～1 400 m，在四川西部达2 100～2 600 m。朝鲜、日本也有分布。

经济用途

茎皮纤维坚韧，可供织麻布、拧绳索用。

052 小赤麻

学名： *Boehmeria spicata* (Thunb.) Thunb. **科名：** 荨麻科 **属名：** 苎麻属

识别特征

多年生草本或亚灌木。茎常分枝，疏被短伏毛或近无毛。叶对生。叶片薄草质，卵状菱形或卵状宽菱形，顶端长骤尖，基部宽楔形，边缘每侧在基部之上有大牙齿（上部牙齿常狭三角形），两面疏被短伏毛或近无毛，侧脉 1 ～ 2 对。穗状花序单生叶腋，雌雄异株，或雌雄同株，此时，茎上部的为雌性，其下的为雄性。雄花无梗，花被片椭圆形，下部合生，外面有稀疏短毛。雄蕊（3 ～）4，花药近圆形。退化雌蕊椭圆形。雌花：花被近狭椭圆形，齿不明显，外面有短柔毛，果期呈菱状倒卵形或宽菱形，长约 1 mm。花期 6 ～ 8 月。

分布与生境

产于江西、浙江、江苏、湖北西部、河南西部、山东东部。生于丘陵或低山草坡、石上、沟边。朝鲜、日本也有分布。

经济用途

茎皮纤维坚韧，可供织麻布、拧绳索用。

053 杜 衡

学名：*Asarum forbesii* Maxim. **科名：**马兜铃科 **属名：**细辛属

识别特征

多年生草本。根状茎短，根丛生，稍肉质。叶片阔心形至肾心形，先端钝或圆，基部心形，叶面深绿色，中脉两旁有白色云斑，脉上及其近边缘有短毛，叶背浅绿色。芽苞叶肾心形或倒卵形，边缘有睫毛。花暗紫色，花被管钟状或圆筒状，喉部不缢缩，膜环极窄，内壁具明显格状网眼，花被裂片直立，卵形，宽和长近相等，平滑、无乳突皱褶。药隔稍伸出。子房半下位，花柱离生，顶端 2 浅裂，柱头卵状，侧生。花期 4 ～ 5 月。

分布与生境

产于江苏、安徽、浙江、江西、河南南部、湖北及四川东部。生于海拔 800 m 以下林下沟边阴湿地。

经济用途

本种全草入药。近年发现本种的挥发油对动物有明显的镇静作用。

054 寻骨风

学名： *Isotrema mollissimum* (Hance) X. X. Zhu, S. Liao & J. S. Ma

科名： 马兜铃科　**属名：** 关木通属

识别特征

木质藤本。幼枝、叶柄及花密被灰白色长绵毛。叶卵形或卵状心形，先端钝圆或短尖，基部心形，上面被糙伏毛，下面密被灰白色长绵毛。花单生叶腋。花梗直立或近顶端下弯。花被筒中部膝状弯曲，檐部盘状，淡黄色，具紫色网纹，浅 3 裂，裂片平展，喉部近圆形，稍具紫色领状突起。花药长圆形。合蕊柱 3 裂。蒴果长圆状倒卵圆形或倒卵圆形，具 6 波状棱或翅。种子卵状三角形，背面平凸，具皱纹。花期 4 ~ 6 月，果期 6 ~ 8 月。

分布与生境

国内产地：陕西南部、山西、山东、河南南部、安徽、湖北、贵州、湖南、江西、浙江和江苏。生于山坡、草丛、沟边和路旁等处。

经济用途

种全株药用，性平、味苦，有祛风湿、通经络和止痛的功能，治疗胃痛、筋骨痛等。

055 金荞麦

学名：*Fagopyrum dibotrys* (D. Don) Hara　**科名：**蓼科　**属名：**荞麦属

识别特征

多年生草本。根状茎木质化，黑褐色。茎直立，分枝，具纵棱，无毛。有时一侧沿棱被柔毛。叶三角形，顶端渐尖，基部近戟形，边缘全缘，两面具乳头状突起或被柔毛。托叶鞘筒状，膜质，褐色，偏斜，顶端截形，无缘毛。花序伞房状，顶生或腋生。苞片卵状披针形，顶端尖，边缘膜质，每苞内具 2 ~ 4 花。花梗中部具关节，与苞片近等长。花被 5 深裂，白色，花被片长椭圆形，雄蕊 8，比花被短，花柱 3，柱头头状。瘦果宽卵形，具 3 锐棱，黑褐色，无光泽，超出宿存花被 2 ~ 3 倍。花期 7 ~ 9 月，果期 8 ~ 10 月。

分布与生境

产于陕西、华东、华中、华南及西南。生于山谷湿地、山坡灌丛，海拔 250 ~ 3 200 m。印度、锡金、尼泊尔、越南、泰国也有分布。

经济用途

块根供药用，有清热解毒、排脓祛瘀等功效。

056 习见蓼

学名： *Polygonum plebeium* R. Br.　**科名：** 蓼科　**属名：** 萹蓄属

识别特征

一年生草本。茎平卧，自基部分枝，具纵棱，沿棱具小突起，通常小枝的节间比叶片短。叶狭椭圆形或倒披针形，顶端钝或急尖，基部狭楔形，两面无毛，侧脉不明显。叶柄极短或近无柄。托叶鞘膜质，白色，透明，顶端撕裂，花 3 ~ 6 朵，簇生于叶腋，遍布于全植株。苞片膜质。花梗中部具关节，比苞片短。花被 5 深裂。花被片长椭圆形，绿色，背部稍隆起，边缘白色或淡红色。雄蕊 5，花丝基部稍扩展，比花被短。花柱 3，稀 2，极短，柱头头状。瘦果宽卵形，具 3 锐棱或双凸镜状，黑褐色，平滑，有光泽，包于宿存花被内。花期 5 ~ 8 月，果期 6 ~ 9 月。

分布与生境

除西藏外，分布几遍全国。生于田边、路旁、水边湿地，海拔 30 ~ 2 200 m。日本、印度、大洋洲、欧洲及非洲也有分布。

经济用途

全草可用于治疗恶疮疥癣、淋浊、蛔虫病。

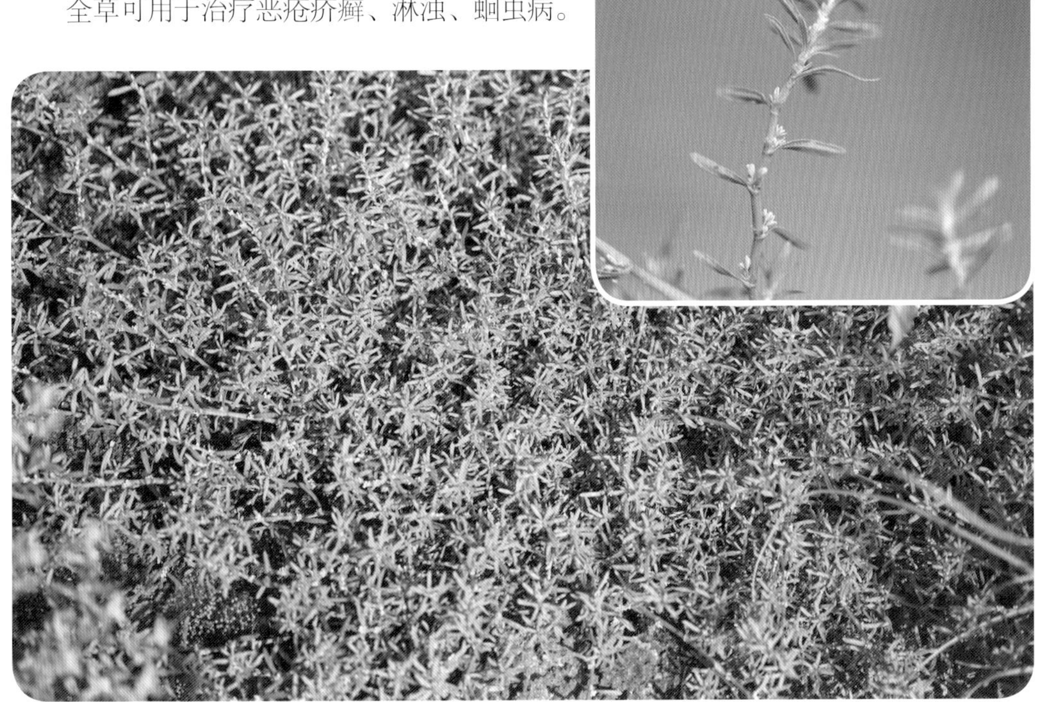

057 稀花蓼

学名： *Persicaria dissitiflora* (Hemsl.) H. Gross ex T. Mori **科名：** 蓼科 **属名：** 蓼属

识别特征

一年生草本。茎直立，疏被倒生皮刺，疏被星状毛。叶卵状椭圆形，先端渐尖，基部戟形或心形，具缘毛，上面疏被星状毛及刺毛，下面疏被星状毛，沿中脉被倒生皮刺。叶柄被星状毛及倒生皮刺，托叶鞘膜质，具缘毛。花序圆锥状，花稀疏，间断，花序梗细，紫红色，密被紫红色腺毛。苞片漏斗状。花梗无毛。花被5深裂，花被片椭圆形。雄蕊7～8。瘦果近球形，顶端微具3棱，暗褐色，包于宿存花被内。花期6～8月，果期7～9月。

分布与生境

产于东北、河北、山西、华东、华中、陕西、甘肃、四川及贵州。朝鲜、俄罗斯（远东）也有分布。生于河边湿地、山谷草丛。

经济用途

清热解毒，利湿。主治急慢性肝炎、小便淋痛、毒蛇咬伤。

058 箭叶蓼

学名： *Persicaria sagittata* (Linnaeus) H. Gross ex Nakai **科名：** 蓼科 **属名：** 蓼属

识别特征

一年生草本。茎基部外倾，上部近直立，有分枝，无毛，四棱形，沿棱具倒生皮刺。叶宽披针形或长圆形，顶端急尖，基部箭形，上面绿色，下面淡绿色，两面无毛，下面沿中脉具倒生短皮刺，边缘全缘，无缘毛。叶柄具倒生皮刺。托叶鞘膜质，偏斜，无缘毛。花序头状，通常成对，顶生或腋生，花序梗细长，疏生短皮刺。苞片椭圆形，顶端急尖，背部绿色，边缘膜质，每苞内具 2 ~ 3 花。花梗比苞片短。花被 5 深裂，白色或淡紫红色，花被片长圆形。雄蕊 8，比花被短。花柱 3，中下部合生。瘦果宽卵形，具 3 棱，黑色，无光泽，包于宿存花被内。花期 6 ~ 9 月，果期 8 ~ 10 月。

分布与生境

产于东北、华北、陕西、甘肃、华东、华中、四川、贵州、云南。生于山谷、沟旁、水边，海拔 90 ~ 2 200 m。朝鲜、日本、俄罗斯（远东）也有分布。

经济用途

全草供药用，有清热解毒、止痒功效。

059 戟叶蓼

学名： *Persicaria thunbergii* (Siebold & Zucc.) Nakai **科名：** 蓼科 **属名：** 蓼属

识别特征

一年生草本，高达 90 cm。茎直立或上升，具纵棱，沿棱被倒生皮刺。叶戟形，长 4 ～ 8 cm，先端渐尖，基部平截形或近心形，两面疏被刺毛，稀疏被星状毛，中部裂片卵形或宽卵形，侧生裂片卵形。叶柄长 2 ～ 5 cm，被倒生皮刺，常具窄翅，托叶鞘膜质，具叶状翅，翅近全缘，具粗缘毛。花序头状，花序梗被腺毛及柔毛；苞片披针形，具缘毛；花梗较苞片短；花被 5 深裂，淡红色或白色，花被片椭圆形，长 3 ～ 4 mm；雄蕊 8，2 轮；花柱 3，中下部连合；瘦果宽卵形，具 3 棱，黄褐色，无光泽，长 3 ～ 3.5 mm，包于宿存花被内。花期 7 ～ 9 月，果期 8 ～ 10 月。

分布与生境

产于东北、华北、陕西、甘肃、华东、华中、华南及四川、贵州、云南，朝鲜、日本、俄罗斯（远东）也有分布。

经济用途

全草可入药，有清热解毒、消肿的功效，民间可用于治疗肠炎、痢疾。其适口性较差，牛、羊仅在初夏幼嫩期采食，属于低等饲用植物。

060 拳 参

学名： *Bistorta officinalis* Raf. **科名：** 蓼科 **属名：** 拳参属

识别特征

多年生草本。根状茎肥厚，弯曲，黑褐色。茎直立，不分枝，无毛，通常 2 ~ 3 条自根状茎发出。基生叶宽披针形或狭卵形，纸质。顶端渐尖或急尖，基部截形或近心形，沿叶柄下延成翅，两面无毛或下面被短柔毛，边缘外卷，微呈波状。茎生叶披针形或线形，无柄。托叶筒状，膜质，下部绿色，上部褐色，顶端偏斜，开裂至中部，无缘毛。总状花序呈穗状，顶生，紧密。苞片卵形，顶端渐尖，膜质，淡褐色，中脉明显，每苞片内含 3 ~ 4 朵花。花梗细弱，开展，比苞片长。花被 5 深裂，白色或淡红色，花被片椭圆形。雄蕊 8，花柱 3，柱头头状。瘦果椭圆形，两端尖，褐色，有光泽，稍长于宿存的花被。花期 6 ~ 7 月，果期 8 ~ 9 月。

分布与生境

产于东北、华北、陕西、宁夏、甘肃、山东、河南、江苏、浙江、江西、湖南、湖北、安徽。生于山坡草地、山顶草甸，海拔 800 ~ 3 000 m。日本、蒙古、哈萨克斯坦、俄罗斯（西伯利亚、远东）及欧洲也有分布。

经济用途

根状茎入药，清热解毒，散结消肿。

061 红蓼

学名： *Persicaria orientalis* (L.) Spach **科名：** 蓼科 **属名：** 蓼属

识别特征

一年生草本。茎直立，粗壮，上部多分枝，密被开展的长柔毛。叶宽卵形、宽椭圆形或卵状披针形，顶端渐尖，基部圆形或近心形，微下延，边缘全缘，密生缘毛，两面密生短柔毛，叶脉上密生长柔毛。叶柄具开展的长柔毛。托叶鞘筒状，膜质，被长柔毛，具长缘毛，通常沿顶端具草质、绿色的翅。总状花序呈穗状，顶生或腋生，花紧密，微下垂，通常数个再组成圆锥状。苞片宽漏斗状，草质，绿色，被短柔毛，边缘具长缘毛，每苞内具 3 ~ 5 花。花梗比苞片长。花被 5 深裂，淡红色或白色。花被片椭圆形。雄蕊 7，比花被长。花盘明显。花柱 2，中下部合生，比花被长，柱头头状。瘦果近圆形，双凹，黑褐色，有光泽，包于宿存花被内。花期 6 ~ 9 月，果期 8 ~ 10 月。

分布与生境

除西藏外，广布于全国各地，野生或栽培。生于沟边湿地、村边路旁，海拔 30 ~ 2 700 m。朝鲜、日本、俄罗斯、菲律宾、印度、欧洲和大洋洲也有分布。

经济用途

果实入药，名“水红花子”，有活血、止痛、消积、利尿功效。

062 水　蓼

学名： *Persicaria hydropiper* (L.) Spach　**科名：** 蓼科　**属名：** 蓼属

识别特征

一年生草本，茎直立，多分枝，无毛。叶披针形或椭圆状披针形，先端渐尖，基部楔形，具辛辣叶，叶腋具闭花受精花，托叶鞘具缘毛。穗状花序下垂，花稀疏，花被(4)5深裂，绿色，上部白色或淡红色，椭圆形。雄蕊较花被短，花柱2～3。瘦果卵形，扁平。花期5～9月，果期6～10月。

分布与生境

国内分布于南北各省区，东亚、印度尼西亚、印度、欧洲及北美也有分布。生境：河滩、水沟边、山谷湿地。

经济用途

全草入药，古时作调味剂。

063 酸模叶蓼

学名： *Persicaria lapathifolia* (L.) S. F. Gray **科名：** 蓼科 **属名：** 蓼属

识别特征

一年生草本，茎直立，具分枝，无毛，节部膨大。叶披针形或宽披针形，顶端渐尖或急尖，基部楔形，上面绿色，常有一个大的黑褐色新月形斑点，两面沿中脉被短硬伏毛，全缘，边缘具粗缘毛。叶柄短，具短硬伏毛。托叶鞘筒状，膜质，淡褐色，无毛，具多数脉，顶端截形，无缘毛，稀具短缘毛。总状花序呈穗状，顶生或腋生，近直立，花紧密，通常由数个花穗再组成圆锥状，花序梗被腺体。苞片漏斗状，边缘具稀疏短缘毛。花被淡红色或白色，4（5）深裂，花被片椭圆形，外面两面较大，脉粗壮，顶端分叉，外弯。瘦果宽卵形，双凹，黑褐色，有光泽，包于宿存花被内。花期 6 ~ 8 月，果期 7 ~ 9 月。

分布与生境

广布于我国南北各省区。生于田边、路旁、水边、荒地或沟边湿地，海拔 30 ~ 3 900 m。朝鲜、日本、蒙古、菲律宾、印度、巴基斯坦及欧洲也有分布。

经济用途

味辛、性温，具利湿解毒、散癌消肿、止痒功效。果实具有利尿功效，可治水肿和疮毒症状。开花前茎叶柔嫩多汁，是良好的猪饲料，牛、羊也采食，属中等饲草。种子富含淀粉，是很好的精饲料，各种畜禽均喜食。结实后，茎生叶老化并大量干枯，饲用价值明显下降。

064 长鬃蓼

学名： *Persicaria longiseta* (Bruijn) Moldenke **科名：** 蓼科 **属名：** 蓼属

识别特征

一年生草本。茎无毛。叶披针形或宽披针形，先端尖，基部楔形，叶柄短或近无柄，托叶鞘具缘毛。穗状花序直立，苞片漏斗状，花被 5 深裂，淡红色或紫红色，椭圆形。花柱 3，中下部连合。瘦果宽卵形，具 3 棱，长约 2 mm，包于宿存花被内。花期 6 ~ 8 月，果期 7 ~ 9 月。

分布与生境

广布于我国湿润半湿润区，东亚、东南亚及印度也有分布。

经济用途

宜成片栽植用于裸地、荒坡的绿化覆盖，水边阴湿处也能生长旺盛，若与碧草绿树配植，色彩明快宜人。

065 蚕茧蓼

学名： *Persicaria japonica* (Meisn.) H. Gross ex Nakai　**科名：** 蓼科　**属名：** 蓼属

识别特征

多年生草本。根状茎横走。茎直立，淡红色，无毛，有时具稀疏的短硬伏毛，节部膨大。叶披针形，近薄革质，坚硬，顶端渐尖，基部楔形，全缘，两面疏生短硬伏毛，中脉上毛较密，边缘具刺状缘毛。叶柄短或近无柄。托叶鞘筒状，膜质，具硬伏毛，顶端截形。总状花序呈穗状，顶生，通常数个再集成圆锥状。苞片漏斗状，绿色，上部淡红色，具缘毛，每苞内具3～6花。雌雄异株，花被5深裂，白色或淡红色，花被片长椭圆形。瘦果卵形，具3棱或双凸镜状，黑色，有光泽，包于宿存花被内。花期8～10月，果期9～11月。

分布与生境

产于山东、河南、陕西、江苏、浙江、安徽、江西、湖南、湖北、四川、贵州、福建、台湾、广东、广西、云南及西藏。生于路边湿地、水边及山谷草地，海拔20～1 700 m。朝鲜、日本也有分布。

经济用途

全草供药用，有散寒、活血、止痢等功效。

066 土荆芥

学名： *Dysphania ambrosioides* (Linnaeus) Mosyakin & Clemants

科名： 苋科　**属名：** 腺毛藜属

识别特征

一年生或多年生草本，有强烈香味。茎直立，多分枝，有色条及钝条棱。枝通常细瘦，有短柔毛并兼有具节的长柔毛，有时近于无毛。叶片矩圆状披针形至披针形，先端急尖或渐尖，边缘具稀疏不整齐的大锯齿，基部渐狭具短柄，上面平滑无毛，下面有散生油点并沿叶脉稍有毛，上部叶逐渐狭小而近全缘。花两性及雌性，通常 3 ~ 5 个团集，生于上部叶腋。花被裂片 5，较少为 3，绿色，果时通常闭合。花柱不明显，丝形，伸出花被外。胞果扁球形，完全包于花被内。种子横生或斜生，黑色或暗红色，平滑，有光泽，边缘钝。花期和果期的时间都很长。

分布与生境

原产于热带美洲，现广布于世界热带及温带地区。我国广西、广东、福建、台湾、江苏、浙江、江西、湖南、四川等省有野生，喜生于村旁、路边、河岸等处。北方各省常有栽培。

经济用途

全草入药，治蛔虫病、钩虫病、蛲虫病，外用治皮肤湿疹，并能杀蛆虫。果实含挥发油（土荆芥油），油中含驱蛔素，是驱虫有效成分。

067 灰绿藜

学名： *Oxybasis glauca* (L.) S. Fuentes, Uotila & Borsch

科名： 苋科　**属名：** 红叶藜属

识别特征

一年生草本，茎平卧或外倾，具条棱及绿色或紫红色色条。叶片矩圆状卵形至披针形，肥厚，先端急尖或钝，基部渐狭，边缘具缺刻状牙齿，上面无粉，平滑，下面有粉而呈灰白色，有稍带紫红色。中脉明显，黄绿色。胞果顶端露出于花被外，果皮膜质，黄白色。种子扁球形，横生、斜生及直立，暗褐色或红褐色，边缘钝，表面有细点纹。花果期 5 ~ 10 月。

分布与生境

国内产地：根据现有标本和资料，我国除台湾、福建、江西、广东、广西、贵州、云南诸省（区）外，其他各地都有分布。国外分布：广布于南北半球的温带。生境：农田、菜园、村房、水边等有轻度盐碱的土壤上。

经济用途

灰绿藜是适应盐碱生境的先锋植物之一。叶中富含蛋白质，可作为饲料添加剂和人类食品添加剂，盐碱地种植灰绿藜可降低土壤含盐量，增加土壤有机质含量，达到明显改良土壤性质的作用。

068 藜

学名： *Chenopodium album* L. **科名：** 苋科 **属名：** 藜属

识别特征

一年生草本，茎直立，粗壮，具条棱及绿色或紫红色色条，多分枝。枝条斜升或开展。叶片菱状卵形至宽披针形，先端急尖或微钝，基部楔形至宽楔形，上面通常无粉，有时嫩叶的上面有紫红色粉，下面多少有粉，边缘具不整齐锯齿。叶柄与叶片近等长，或为叶片长度的 1/2。花两性，花簇生于枝上部排列成或大或小的穗状圆锥状或圆锥状花序。花被裂片 5，宽卵形至椭圆形，背面具纵隆脊，有粉，先端或微凹，边缘膜质。果皮与种子贴生。种子横生，双凸镜状，边缘钝，黑色，有光泽，表面具浅沟纹。胚环形。花果期 5 ~ 10 月。

分布与生境

分布遍及全球温带及热带，我国各地均产。生于路旁、荒地及田间，为很难除掉的杂草。

经济用途

幼苗可作蔬菜用，茎叶可喂家畜。全草可入药，能止泻痢、止痒，可治痢疾腹泻。配合野菊花煎汤外洗，治皮肤湿毒及周身发痒。果实（称灰藋子），有些地区代“地肤子”药用。

069 小藜

学名： *Chenopodium ficifolium* Smith **科名：** 苋科 **属名：** 藜属

识别特征

一年生草本，茎直立，具条棱及绿色色条。叶片卵状矩圆形，通常3浅裂。中裂片两边近平行，先端钝或急尖并具短尖头，边缘具深波状锯齿。侧裂片位于中部以下，通常各具2浅裂齿。花两性，数个团集，排列于上部的枝上形成较开展的顶生圆锥状花序。花被近球形，5深裂，裂片宽卵形，不开展，背面具微纵隆脊并有密粉。雄蕊5，开花时外伸。柱头2，丝形。胞果包在花被内，果皮与种子贴生。种子双凸镜状，黑色，有光泽，边缘微钝，表面具六角形细洼。胚环形。4～5月开始开花。

分布与生境

为普通田间杂草，有时也生于荒地、道旁、垃圾堆等处。我国除西藏未见标本外，各省区都有分布。

经济用途

小藜可以疏风清热、祛湿解毒、杀虫，用于治疗风热感冒、腹泻痢疾、疮疡肿毒、疥癣瘙痒、荨麻疹、白癜风、虫咬伤。

070 铺地藜

学名： *Dysphania pumilio* (R. Br.) Mosyakin & Clemants

科名： 苋科 **属名：** 腺毛藜属

识别特征

一年生铺散或平卧草本，分枝多而纤细，嫩枝密被节柔毛。叶椭圆形、长圆状椭圆形，或卵状椭圆形，先端钝圆，基部楔形，边缘具 3 ~ 4（5）对粗牙齿或浅裂片，两面均被节柔毛，下面密生黄色腺粒，后渐变稀疏。团集聚伞花序腋生。花具短柄或近无柄，两性或雌性；花被片 5，直立，椭圆状长圆形，先端钝，基部合生，边缘和先端具节毛和黄色腺粒，果期舟形，直立或稍开展，灰白色；雄蕊 1 枚或无；柱头 2。种子直立，双凸透镜状，红褐色。

分布与生境

原产于澳大利亚南部沿海地区，现河南沿黄两岸平原、丘陵地区较为常见，多生于庭院、荒地、河岸及沟渠旁，也常侵入农田、荒地，耐盐碱，大有成为恶性杂草之势。可见，该种在河南已成为中国外来归化新植物。

071 地 肤

学名： *Bassia scoparia* (L.) A. J. Scott **科名：** 苋科 **属名：** 沙冰藜属

识别特征

一年生草本，被具节长柔毛。茎直立，基部分枝。叶扁平，线状披针形或披针形，先端短渐尖，基部渐窄成短柄，常具3主脉。花两性兼有雌性，常1～3朵簇生上部叶腋。花被近球形，5深裂，裂片近角形，翅状附属物角形或倒卵形，边缘微波状或具缺刻。雄蕊5，花丝丝状。柱头2，丝状，花柱极短。胞果扁，果皮膜质，与种子贴伏。种子卵形或近圆形，径1.5～2 mm，稍有光泽。花期6～9月，果期7～10月。

分布与生境

全国各地均产。国外分布于欧洲及亚洲。生于田边、路旁、荒地等处。

经济用途

地肤的幼苗及嫩茎叶可炒食或做馅，老株可用来做扫帚。果实(地肤子)可入药，味辛、苦，性寒。归肾、膀胱经。有清热利湿、祛风止痒的功效。用于小便涩痛、阴痒带下、风疹、湿疹、皮肤瘙痒。地肤也可用于布置花篱、花境，或数株从植于花坛中央。

072 鸡冠花

学名： *Celosia cristata* L.　**科名：** 苋科　**属名：** 青葙属

识别特征

一年生直立草本，叶片卵形、卵状披针形或披针形，花多数，极密生，呈扁平肉质鸡冠状、卷冠状或羽毛状的穗状花序，一个大花序下面有数个较小的分枝，圆锥状矩圆形，表面羽毛状；花被片红色、紫色、黄色、橙色或红色黄色相间。花果期7～9月。

分布与生境

我国南北各地均有栽培，广布于温暖地区。

经济用途

栽培供观赏。花和种子供药用，为收敛剂，有止血、凉血、止泻功效。

073 苋

学名：*Amaranthus tricolor* L.　**科名：**苋科　**属名：**苋属

识别特征

一年生草本，茎粗壮，绿色或红色，常分枝，幼时有毛或无毛。叶片卵形、菱状卵形或披针形，绿色或常呈红色、紫色或黄色，或部分绿色夹杂其他颜色，顶端圆钝或尖凹，具凸尖，基部楔形，全缘或波状缘，无毛。叶柄绿色或红色。花簇腋生，直到下部叶，或同时具顶生花簇，成下垂的穗状花序；花簇球形，雄花和雌花混生。苞片及小苞片卵状披针形，透明，顶端有 1 长芒尖，背面具 1 绿色或红色隆起中脉。花被片矩圆形，绿色或黄绿色，顶端有 1 长芒尖，背面具 1 绿色或紫色隆起中脉。雄蕊比花被片长或短。胞果卵状矩圆形，环状横裂，包裹在宿存花被片内。种子近圆形或倒卵形，黑色或黑棕色，边缘钝。花期 5 ~ 8 月，果期 7 ~ 9 月。

分布与生境

全国各地均有栽培，有时逸为半野生。原产于印度，分布于亚洲南部、中亚、日本等地。

经济用途

茎叶作为蔬菜食用。叶杂有各种颜色者供观赏。根、果实及全草入药，有明目、利大小便、去寒热的功效。

074 反枝苋

学名： *Amaranthus retroflexus* L. **科名：** 苋科 **属名：** 苋属

识别特征

一年生草本，茎直立，粗壮，单一或分枝，淡绿色，有时具带紫色条纹，稍具钝棱，密生短柔毛。叶片菱状卵形或椭圆状卵形，顶端锐尖或尖凹，有小凸尖，基部楔形，全缘或波状缘，两面及边缘有柔毛，下面毛较密。叶柄淡绿色，有时淡紫色，有柔毛。圆锥花序顶生及腋生，直立，由多数穗状花序形成，顶生花穗较侧生者长。苞片及小苞片钻形，白色，背面有 1 龙骨状突起，伸出顶端呈白色尖芒。花被片矩圆形或矩圆状倒卵形，薄膜质，白色，有 1 淡绿色细中脉，顶端急尖或尖凹，具凸尖。雄蕊比花被片稍长。胞果扁卵形，环状横裂，薄膜质，淡绿色，包裹在宿存花被片内。种子近球形，棕色或黑色，边缘钝。花期 7 ~ 8 月，果期 8 ~ 9 月。

分布与生境

产于黑龙江、吉林、辽宁、内蒙古、河北、山东、山西、河南、陕西、甘肃、宁夏、新疆。生于田园内、农地旁、人家附近的草地上，有时生在瓦房上。原产于美洲热带，现广泛传播并归化于世界各地。

经济用途

嫩茎叶为野菜，也可做家畜饲料。种子作青葙子入药。全草药用，治腹泻、痢疾、痔疮肿痛出血等症。

075 千穗谷

学名：*Amaranthus hypochondriacus* L.　**科名**：苋科　**属名**：苋属

识别特征

一年生草本，茎绿色或紫红色，分枝，无毛或上部微有柔毛。叶片菱状卵形或矩圆状披针形，顶端急尖或短渐尖，具凸尖，基部楔形，全缘或波状缘，无毛，上面常带紫色。叶柄无毛。圆锥花序顶生，直立，圆柱形，不分枝或分枝，由多数穗状花序形成，侧生穗较短，花簇在花序上排列极密。苞片及小苞片卵状钻形，为花被片长的2倍，绿色或紫红色，背部中脉隆起，成长凸尖。花被片矩圆形，顶端急尖或渐尖，绿色或紫红色，有1深色中脉，成长凸尖。胞果近菱状卵形，环状横裂，绿色，上部带紫色，超出宿存花被。种子近球形，白色，边缘锐。花期7～8月，果期8～9月。

分布与生境

原产于北美，内蒙古、河北、四川、云南等地栽培供观赏。

经济用途

可以食用，千穗谷的蛋白质、脂肪、碳水化合物、矿物质含量均很高，是一种优良的高产饲料作物，有绿茎、红茎两种，其茎叶柔嫩，营养价值较高，适口性好，纤维素含量低，是猪、禽的好饲料。

076 合被苋

学名： *Amaranthus polygonoides* L. **科名：** 苋科 **属名：** 苋属

识别特征

一年生草本，茎直立或斜生，被短柔毛或近无毛，多分枝，淡绿色，茎下部有时为淡紫红色。茎上部叶较密集，叶片菱状卵形、倒卵形或椭圆形，先端微凹或圆钝，具短尖头，基部楔形，下延于叶柄，边缘全缘或稍呈皱波状，两面无毛，上面中央常横生一条白色斑带，干后不明显。花单性，雌花和雄花混生，花簇全部腋生，苞片及小苞片钻形。花被片 5 枚，稀 4 枚，膜质，绿白色，中间具一条绿色中肋；雄花被片长椭圆形，近基部稍连合，雄蕊 2 枚，稀 3 枚；雌花被片匙形，先端急尖，基部合生呈短筒状，宿存，果时伸长并稍增厚，柱头 3 裂。胞果不裂，长圆形，上部微皱，与宿存花被近等长，种子倒卵形，红褐色，有光泽。花果期 6 ~ 10 月，种子繁殖。

分布与生境

原产加勒比海岛、美国南部、墨西哥东北部及尤卡坦半岛。常生于海拔 500 m 以下，多出现在田野、路旁、荒地，有时成为旱作地和草坪的杂草，常随作物种子、带土苗木和草皮扩散。根据标本采集时间和分布，该种先后出现在我国山东、安徽、江苏、上海、浙江，蔓延和扩散的趋势明显。目前对该种的预防、控制和管理措施较少，可采取结果前拔除。

经济用途

对该种的利用研究较少，一般认为可用作野菜和饲草。

077 柳叶牛膝

学名： *Achyranthes longifolia* (Makino) Makino　**科名：** 苋科　**属名：** 牛膝属

识别特征

本种与牛膝相近，区别为：叶片披针形或宽披针形，顶端尾尖。小苞片针状，基部有 2 耳状薄片，仅有缘毛；退化雄蕊方形，顶端有不明显牙齿。花果期 9 ~ 11 月。

分布与生境

产于陕西、浙江、江西、湖南、湖北、四川、云南、贵州、广东、台湾。生于山坡。日本有分布。

经济用途

根供药用，药效与牛膝略同。

078 千日红

学名： *Gomphrena globosa* L.　**科名：** 苋科　**属名：** 千日红属

识别特征

一年生直立草本，茎粗壮，有分枝，枝略呈四棱形，有灰色糙毛，幼时更密，节部稍膨大。叶片纸质，长椭圆形或矩圆状倒卵形，顶端急尖或圆钝，凸尖，基部渐狭，边缘波状，两面有小斑点、白色长柔毛及缘毛，有灰色长柔毛。花多数，密生，成顶生球形或矩圆形头状花序，单一或 2 ~ 3 个，常紫红色，有时淡紫色或白色。总苞为 2 绿色对生叶状苞片而成，卵形或心形，两面有灰色长柔毛。苞片卵形，白色，顶端紫红色。小苞片三角状披针形，紫红色，内面凹陷，顶端渐尖，背棱有细锯齿缘。花被片披针形，不展开，顶端渐尖，外面密生白色绵毛，花期后不变硬。雄蕊花丝连合成管状，顶端 5 浅裂，花药生在裂片的内面，微伸出。花柱条形，比雄蕊管短，柱头 2，叉状分枝。胞果近球形，种子肾形，棕色，光亮。花果期 6 ~ 9 月。

分布与生境

原产于美洲热带，我国南北各省均有栽培。

经济用途

供观赏，头状花序经久不变，除用作花坛及盆景外，还可作花圈、花篮等装饰品。花序入药，有止咳定喘、平肝明目功效，主治支气管哮喘，急、慢性支气管炎，百日咳，肺结核咯血等症。

079 紫茉莉

学名：*Mirabilis jalapa* L.　**科名：**紫茉莉科　**属名：**紫茉莉属

识别特征

一年生草本，根肥粗，倒圆锥形，黑色或黑褐色。茎直立，圆柱形，多分枝，无毛或疏生细柔毛，节稍膨大。叶片卵形或卵状三角形，顶端渐尖，基部截形或心形，全缘，两面均无毛，脉隆起。叶柄上部叶几无柄。花常数朵簇生枝端。总苞钟形，5裂，裂片三角状卵形，顶端渐尖，无毛，具脉纹，果时宿存。花被紫红色、黄色、白色或杂色，高脚碟状，5浅裂。花午后开放，有香气，次日午前凋萎。瘦果球形，革质，黑色，表面具皱纹。种子胚乳白粉质。花期6～10月，果期8～11月。

分布与生境

原产于热带美洲。我国南北各地常栽培，为观赏花卉，有时逸为野生。

经济用途

根、叶可供药用，有清热解毒、活血调经和滋补的功效。种子白粉可去面部癍痣粉刺。

080 美洲商陆

学名： *Phytolacca americana* L. **科名：** 商陆科 **属名：** 商陆属

识别特征

多年生草本，根粗壮，肥大，倒圆锥形。茎直立，圆柱形，有时带紫红色。叶片椭圆状卵形或卵状披针形，顶端急尖，基部楔形。总状花序顶生或侧生。花白色，微带红晕。花被片5，雄蕊、心皮及花柱通常均为10，心皮合生。果序下垂。浆果扁球形，熟时紫黑色。种子肾圆形。花期6～8月，果期8～10月。

分布与生境

原产于北美，引入栽培，1960年以后遍及我国河北、陕西、山东、江苏、浙江、江西、福建、河南、湖北、广东、四川、云南，或逸生（云南逸生甚多）。

经济用途

根供药用，治水肿、白带、风湿，并有催吐作用。种子利尿。叶有解热作用，并治脚气。外用可治无名肿毒及皮肤寄生虫病。全草可作农药。

081 马齿苋

学名： *Portulaca oleracea* L. **科名：** 马齿苋科 **属名：** 马齿苋属

识别特征

一年生草本，全株无毛。茎平卧或斜倚，伏地铺散，多分枝，圆柱形，淡绿色或带暗红色。叶互生，有时近对生，叶片扁平，肥厚，倒卵形，似马齿状，顶端圆钝或平截，有时微凹，基部楔形，全缘，上面暗绿色，下面淡绿色或带暗红色，中脉微隆起。叶柄粗短。花无梗，常3～5朵簇生枝端，午时盛开。苞片2～6，叶状，膜质，近轮生。萼片2，对生，绿色，盔形，左右压扁，顶端急尖，背部具龙骨状凸起，基部合生。蒴果卵球形，盖裂。种子细小，多数，偏斜球形，黑褐色，有光泽，具小疣状凸起。花期5～8月，果期6～9月。

分布与生境

我国南北各地均产。性喜肥沃土壤，耐旱亦耐涝，生活力强，生于菜园、农田、路旁，为田间常见杂草。广布全世界温带和热带地区。

经济用途

全草供药用，有清热利湿、解毒消肿、消炎、止渴、利尿作用。种子明目。还可作兽药和农药。嫩茎叶可作蔬菜，味酸，也是很好的饲料。

082 落葵薯

学名：*Anredera cordifolia* (Tenore) Steenis　**科名：**落葵科　**属名：**落葵薯属

识别特征

缠绕藤本，长可达数米。根状茎粗壮。叶具短柄，叶片卵形至近圆形，顶端急尖，基部圆形或心形，稍肉质，腋生小块茎（珠芽）。总状花序具多花，花序轴纤细，下垂。苞片狭，不超过花梗长度，宿存。花托顶端杯状，花常由此脱落。下面 1 对小苞片宿存，宽三角形，急尖，透明，上面 1 对小苞片淡绿色，比花被短，宽椭圆形至近圆形。花被片白色，渐变黑，开花时张开，卵形、长圆形至椭圆形，顶端钝圆。雄蕊白色，花丝顶端在芽中反折，开花时伸出花外。花柱白色，分裂成 3 个柱头臂，每臂具 1 棍棒状或宽椭圆形柱头。果实、种子未见。花期 6 ~ 10 月。

分布与生境

原产于南美热带地区。我国江苏、浙江、福建、广东、四川、云南及北京有栽培。用叶腋中的小块茎（珠芽）进行繁殖。

经济用途

珠芽、叶及根供药用，有滋补、壮腰膝、消肿散瘀的功效。叶拔疮毒。

083 土人参

学名：*Talinum paniculatum* (Jacq.) Gaertn. **科名**：土人参科 **属名**：土人参属

识别特征

一年生或多年生草本，全株无毛。主根粗壮，圆锥形，有少数分枝，皮黑褐色，断面乳白色。茎直立，肉质，基部近木质，多少分枝，圆柱形，有时具槽。叶互生或近对生，具短柄或近无柄，叶片稍肉质，倒卵形或倒卵状长椭圆形，顶端急尖，有时微凹，具短尖头，基部狭楔形，全缘。圆锥花序顶生或腋生，较大形，常二叉状分枝，具长花序梗。花小，总苞片绿色或近红色，圆形，顶端圆钝。苞片2，膜质，披针形，顶端急尖。萼片卵形，紫红色，早落。花瓣粉红色或淡紫红色，长椭圆形、倒卵形或椭圆形，顶端圆钝，稀微凹。种子多数，扁圆形，黑褐色或黑色，有光泽。花期6～8月，果期9～11月。

分布与生境

原产于热带美洲。我国中部和南部均有栽植，有的逸为野生，生于阴湿地。

经济用途

根为滋补强壮药，补中益气，润肺生津。叶消肿解毒，治疗疮疖肿。

084 异花孩儿参

学名： *Pseudostellaria heterantha* (Maxim.) Pax **科名：** 石竹科 **属名：** 孩儿参属

识别特征

多年生草本，块根纺锤形。茎单生，直立，基部分枝，具2列柔毛。茎中部以下叶片倒披针形，顶端尖，基部渐狭成柄。中部以上的叶片倒卵状披针形，具短柄，基部疏生缘毛。开花受精花顶生或腋生。花梗细，被柔毛。萼片5，披针形，绿色，外面被柔毛，边缘具缘毛。花瓣5，白色，长圆状倒披针形，长于萼片，顶端钝圆或急尖。蒴果卵圆形，稍长于宿存萼，4瓣裂。种子肾形，稍扁，表面具极低瘤状凸起。花期5～6月，果期7～8月。

分布与生境

产于内蒙古（贺兰山）、河北、陕西（太白山）、安徽、河南、四川、云南、西藏。生于山地林下。日本、俄罗斯（远东地区）也有分布。

经济用途

根入药为孩儿参，具有益气健脾、生津润肺之功效。常用于脾虚体倦、食欲不振、病后虚弱、气阴不足、自汗口渴、肺燥干咳。

085 蔓孩儿参

学名： *Pseudostellaria davidii* (Franch.) Pax **科名：** 石竹科 **属名：** 孩儿参属

识别特征

多年生草本。块根纺锤形。茎匍匐，细弱，稀疏分枝，被 2 列毛。叶片卵形或卵状披针形，顶端急尖，基部圆形或宽楔形，具极短柄，边缘具缘毛。开花受精花单生于茎中部以上叶腋。花梗细，被 1 列毛。萼片 5，披针形，外面沿中脉被柔毛。花瓣 5，白色，长倒卵形，全缘，比萼片长 1 倍。雄蕊 10，花药紫色，比花瓣短。花柱 3，稀 2。闭花受精花通常 1 ~ 2 朵，匍匐枝多时则花数 2 朵以上，腋生。花梗被毛。萼片 4，狭披针形，被柔毛。雄蕊退化。花柱 2。蒴果宽卵圆形，稍长于宿存萼。种子圆肾形或近球形，表面具棘凸。花期 5 ~ 7 月，果期 7 ~ 8 月。

分布与生境

产于黑龙江、辽宁、吉林、内蒙古（大青山）、河北、山西、陕西、甘肃、青海、新疆、浙江、山东、安徽、河南、四川、云南、西藏（在四川、云南、西藏生于海拔 3 000 ~ 3 800 m）。生于混交林、杂木林下，溪旁或林缘石质坡。俄罗斯、蒙古和朝鲜也有分布。

经济用途

根入药为孩儿参，具有益气健脾、生津润肺之功效。常用于脾虚体倦、食欲不振、病后虚弱、气阴不足、自汗口渴、肺燥干咳。

086 鹅肠菜

学名：*Stellaria aquatica* (L.) Scop. **科名：**石竹科 **属名：**繁缕属

识别特征

二年生或多年生草本，具须根。茎上升，多分枝，上部被腺毛。叶片卵形或宽卵形，顶端急尖，基部稍心形，有时边缘具毛。叶柄上部叶常无柄或具短柄，疏生柔毛。顶生二歧聚伞花序。苞片叶状，边缘具腺毛。花梗细，花后伸长并向下弯，密被腺毛。萼片卵状披针形或长卵形，顶端较钝，边缘狭膜质，外面被腺柔毛，脉纹不明显。花瓣白色，2 深裂至基部，裂片线形或披针状线形。雄蕊 10，稍短于花瓣。子房长圆形，花柱短，线形。蒴果卵圆形，稍长于宿存萼。种子近肾形，稍扁，褐色，具小疣。花期 5 ~ 8 月，果期 6 ~ 9 月。

分布与生境

产于我国南北各省。生于海拔 350 ~ 2 700 m 的河流两旁冲积沙地的低湿处或灌丛林缘和水沟旁。北半球温带、亚热带和北非也有分布。

经济用途

全草供药用，祛风解毒，外敷治疖疮。幼苗可作野菜和饲料。

087 石生繁缕

学名：*Stellaria vestita* Kurz. **科名：**石竹科 **属名：**繁缕属

识别特征

多年生草本，全株被星状毛。茎疏丛生，铺散或俯仰，下部分枝，上部密被星状毛。叶片卵形或椭圆形，顶端急尖，稀渐尖，基部圆形，稀急狭成短柄状，全缘，两面均被星状毛，下面中脉明显。聚伞花序疏散，具长花序梗，密被星状毛。苞片草质，卵状披针形，边缘膜质。花梗细，长短不等，密被星状毛。萼片5，披针形，顶端急尖，边缘膜质，外面被星状柔毛，呈灰绿色，具3脉。花瓣5，2深裂近基部，短于萼片或近等长。裂片线形。雄蕊10，与花瓣短或近等长。蒴果卵萼形，6齿裂。种子多数，肾脏形，细扁，脊具疣状凸起。花期4～6月，果期6～8月。

分布与生境

产于河北、山东、陕西（商南）、甘肃（徽县）、河南（卢氏）、浙江、江西、湖南、湖北（西部）、广西、福建（南平）、台湾（台北）、四川、贵州、云南、西藏（吉隆、察隅）。生于海拔600～3 600 m的石滩或石隙中、草坡或林下。印度、尼泊尔、锡金、不丹、缅甸、越南、菲律宾、印度尼西亚（爪哇）、巴布亚新几内亚也有分布。

经济用途

全草供药用，可舒筋活血。

088 中国繁缕

学名： *Stellaria chinensis* Regel **科名：** 石竹科 **属名：** 繁缕属

识别特征

多年生草本，茎细弱，铺散或上升，具四棱，无毛。叶片卵形至卵状披针形，顶端渐尖，基部宽楔形或近圆形，全缘，两面无毛，有时带粉绿色，下面中脉明显凸起。叶柄短或近无，被长柔毛。聚伞花序疏散，具细长花序梗。苞片膜质。花梗细，长约 1 cm 或更长。萼片 5，披针形，顶端渐尖，边缘膜质。花瓣 5，白色，2 深裂，与萼片近等长。雄蕊 10，稍短于花瓣。花柱 3。蒴果卵萼形，比宿存萼稍长或等长，6 齿裂。种子卵圆形，稍扁，褐色，具乳头状凸起。花期 5 ~ 6 月，果期 7 ~ 8 月。

分布与生境

产于北京、河北、河南、陕西、甘肃、山东、江苏、安徽、浙江、福建（建宁）、江西、湖北（宜昌、罗田、麻城）、湖南、广西、四川（南川）。生于海拔（160 ~ ）500 ~ 1 300（ ~ 2 500）m 的灌丛或冷杉林下、石缝或湿地。

经济用途

全草入药，有祛风利关节之效。也可作饲料。

089 雀舌草

学名：*Stellaria alsine* Grimm **科名：**石竹科 **属名：**繁缕属

识别特征

二年生草本，全株无毛。须根细。茎丛生，稍铺散，上升，多分枝。叶无柄，叶片披针形至长圆状披针形，顶端渐尖，基部楔形，半抱茎，边缘软骨质，呈微波状，基部具疏缘毛，两面微显粉绿色。聚伞花序通常具3～5花，顶生或花单生叶腋。花梗细，无毛，果时稍下弯，基部有时具2披针形苞片。萼片5，披针形，顶端渐尖，边缘膜质，中脉明显，无毛。花瓣5，白色，短于萼片或近等长，2深裂几达基部，裂片条形，钝头。子房卵形，花柱3（有时为2），短线形。蒴果卵圆形，与宿存萼等长或稍长，6齿裂，含多数种子。种子肾脏形，微扁，褐色，具皱纹状凸起。花期5～6月，果期7～8月。

分布与生境

产于内蒙古、甘肃、河南、安徽、江苏、浙江、江西、台湾、福建、湖南、广东、广西、贵州、四川、云南、西藏。生于田间、溪岸或潮湿地。北温带广布，南达印度、越南。

经济用途

全株药用，可强筋骨、治刀伤。

090 狗筋蔓

学名： *Silene baccifera* (Linnaeus) Roth **科名：** 石竹科 **属名：** 蝇子草属

识别特征

多年生草本，全株被逆向短绵毛。根簇生，长纺锤形，白色，断面黄色，稍肉质。根颈粗壮，多头。茎铺散，俯仰，多分枝。叶片卵形、卵状披针形或长椭圆形，基部渐狭成柄状，顶端急尖，边缘具短缘毛，两面沿脉被毛。圆锥花序疏松。花梗细，具 1 对叶状苞片。花萼宽钟形，草质，后期膨大呈半圆球形，沿纵脉多少被短毛，萼齿卵状三角形，与萼筒近等长，边缘膜质，果期反折。雌雄蕊柄无毛。花瓣白色，轮廓倒披针形，爪狭长，瓣片叉状浅 2 裂。副花冠片微呈乳头状。雄蕊不外露，花丝无毛。花柱细长，不外露。蒴果圆球形，呈浆果状，成熟时薄壳质，黑色，具光泽，不规则开裂。种子圆肾形，肥厚，黑色，平滑，有光泽。花期 6 ~ 8 月，果期 7 ~ 9（ ~ 10）月。

分布与生境

产于我国辽宁、河北、山西、陕西、宁夏、甘肃、新疆、江苏、安徽、浙江、福建、台湾、河南、湖北、广西至西南。生于林缘、灌丛或草地。欧洲、朝鲜、日本、俄罗斯、哈萨克斯坦也有分布。

经济用途

根或全草入药，用于治疗骨折、跌打损伤和风湿关节痛等。

091 麦瓶草

学名： *Silene conoidea* L.　**科名：** 石竹科　**属名：** 蝇子草属

识别特征

一年生草本，全株被短腺毛。根为主根系，稍木质。茎单生，直立，不分枝。基生叶片匙形，茎生叶叶片长圆形或披针形，基部楔形，顶端渐尖，两面被短柔毛，边缘具缘毛，中脉明显。二歧聚伞花序具数花。花直立。花萼圆锥形，绿色，基部脐形，果期膨大，下部宽卵状，纵脉 30 条，沿脉被短腺毛，萼齿狭披针形，长为花萼 1/3 或更长，边缘下部狭膜质，具缘毛。雌雄蕊柄几无。花瓣淡红色，爪不露出花萼，狭披针形，无毛，耳三角形，瓣片倒卵形，全缘或微凹缺，有时微啮蚀状。副花冠片狭披针形，白色，顶端具数浅齿。雄蕊微外露或不外露，花丝具稀疏短毛。花柱微外露。蒴果梨状，种子肾形，暗褐色。花期 5 ~ 6 月，果期 6 ~ 7 月。

分布与生境

产于黄河流域和长江流域各省区，西至新疆和西藏。常生于麦田中或荒地草坡上。广布亚洲、欧洲和非洲。

经济用途

全草药用，治鼻衄、吐血、尿血、肺脓疡和月经不调等症。

092 王不留行

学名： *Gypsophila vaccaria* (L.) Sm. **科名：** 石竹科 **属名：** 石头花属

识别特征

一年生或二年生草本，全株无毛，微被白粉，呈灰绿色。根为主根系，茎单生，直立，上部分枝。叶片卵状披针形或披针形，基部圆形或近心形，微抱茎，顶端急尖，具3基出脉；伞房花序稀疏。花梗细，苞片披针形，着生花梗中上部；花萼卵状圆锥形，后期微膨大呈球形，棱绿色，棱间绿白色，近膜质，萼齿小，三角形，顶端急尖，边缘膜质。雌雄蕊柄极短，花瓣淡红色，爪狭楔形，淡绿色，瓣片狭倒卵形，斜展或平展，微凹缺，有时具不明显的缺刻。雄蕊内藏。花柱线形，微外露；蒴果宽卵形或近圆球形，种子近圆球形，红褐色至黑色。花期5～7月，果期6～8月。

分布与生境

我国除华南外，全国都产；广布于欧洲和亚洲。生于草坡、撂荒地或麦田中，为麦田常见杂草。

经济用途

具有活血通经、消肿下乳、利尿通淋等功效，可用于治疗经期腹痛、经闭、乳汁不通、乳痈痛肿、淋症涩痛等症状。其种子含淀粉53%，可用来制酒和制醋，也可榨油，用作机器润滑油。苗可作为救荒野菜。

093 石 竹

学名：*Dianthus chinensis* L. **科名：**石竹科 **属名：**石竹属

识别特征

多年生草本，全株无毛，带粉绿色。茎由根颈生出，疏丛生，直立，上部分枝。叶片线状披针形，顶端渐尖，基部稍狭，全缘或有细小齿，中脉较显。花单生枝端或数花集成聚伞花序。苞片4，卵形，顶端长渐尖，长达花萼1/2以上，边缘膜质，有缘毛。花萼圆筒形，有纵条纹，萼齿披针形，直伸，顶端尖，有缘毛。花瓣瓣片倒卵状三角形，紫红色、粉红色、鲜红色或白色，顶缘不整齐齿裂，喉部有斑纹，疏生髯毛。雄蕊露出喉部外，花药蓝色。子房长圆形，花柱线形。蒴果圆筒形，包于宿存萼内，顶端4裂。种子黑色，扁圆形。花期5～6月，果期7～9月。

分布与生境

原产于我国北方，现在南北普遍生长。生于草原和山坡草地。俄罗斯西伯利亚和朝鲜也有分布。

经济用途

现已广泛栽培。育出许多品种，是很好的观赏花卉。根和全草入药，有清热利尿、破血通经、散瘀消肿功效。

094 莲

学名：*Nelumbo nucifera* Gaertn. **科名：**莲科 **属名：**莲属

识别特征

多年生水生草本。根状茎横生，肥厚，节间膨大，内有多数纵行通气孔道，节部缢缩，上生黑色鳞叶，下生须状不定根。叶圆形，盾状，全缘稍呈波状，上面光滑，具白粉，下面叶脉从中央射出，有 1 ~ 2 次叉状分枝。叶柄粗壮，圆柱形，中空，外面散生小刺。花梗和叶柄等长或稍长，也散生小刺。花瓣红色、粉红色或白色，矩圆状椭圆形至倒卵形，由外向内渐小，有时变成雄蕊，先端圆钝或微尖。花药条形，花丝细长，着生在花托之下。花柱极短，柱头顶生。坚果椭圆形或卵形，长果皮革质，坚硬，熟时黑褐色。种子（莲子）卵形或椭圆形，种皮红色或白色。花期 6 ~ 8 月，果期 8 ~ 10 月。

分布与生境

产于我国南北各省。自生或栽培在池塘或水田内。俄罗斯、朝鲜、日本、印度、越南、亚洲南部和大洋洲均有分布。

经济用途

根状茎（藕）作蔬菜或提制淀粉（藕粉）。种子供食用。叶、叶柄、花托、花、雄蕊、果实、种子及根状茎均作药用。藕及莲子为营养品，叶（荷叶）及叶柄（荷梗）煎水喝可清暑热，藕节、荷叶、荷梗、莲房、雄蕊及莲子都富有鞣质，作收敛止血药。叶为茶的代用品，又作包装材料。

095 睡莲

学名： *Nymphaea tetragona* Georgi　**科名：** 睡莲科　**属名：** 睡莲属

识别特征

多年水生草本。根状茎短粗。叶纸质，心状卵形或卵状椭圆形，基部具深弯缺，约占叶片全长的 1/3，裂片急尖，稍开展或几重合，全缘，上面光亮，下面带红色或紫色，两面皆无毛，具小点。花梗细长。花萼基部四棱形，萼片革质，宽披针形或窄卵形，宿存。花瓣白色，宽披针形、长圆形或倒卵形，内轮不变成雄蕊。雄蕊比花瓣短，花药条形。柱头具 5 ~ 8 辐射线。浆果球形，为宿存萼片包裹。种子椭圆形，黑色。花期 6 ~ 8 月，果期 8 ~ 10 月。

分布与生境

在我国广泛分布。生在池沼中。俄罗斯、朝鲜、日本、印度、越南、美国均有分布。

经济用途

根状茎含淀粉，供食用或酿酒。全草可作绿肥。

096 金鱼藻

学名： *Ceratophyllum demersum* L. **科名：** 金鱼藻科 **属名：** 金鱼藻属

识别特征

多年生沉水草本，茎平滑，具分枝。叶 4 ~ 12 轮生，1 ~ 2 次二叉状分歧，裂片丝状，或丝状条形，先端带白色软骨质，边缘仅一侧有数细齿。苞片 9 ~ 12，条形，浅绿色，透明，先端有 3 齿及带紫色毛。雄蕊 10 ~ 16，微密集。子房卵形，花柱钻状。坚果宽椭圆形，黑色，平滑，边缘无翅，有 3 刺，先端具钩，基部 2 刺向下斜伸，先端渐细成刺状。花期 6 ~ 7 月，果期 8 ~ 10 月。

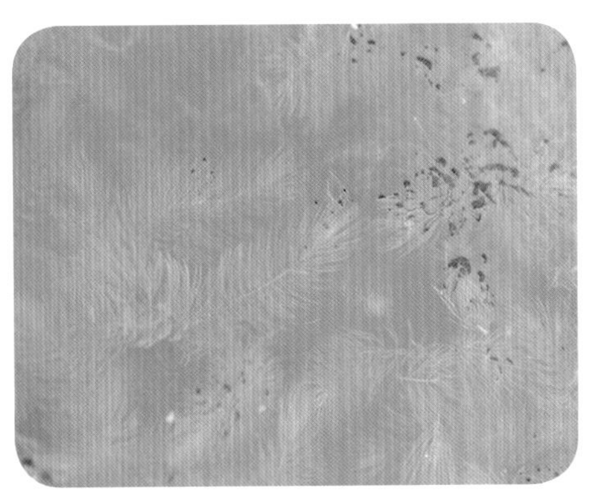

分布与生境

全国广泛分布。生在池塘、河沟。全世界分布。

经济用途

为鱼类饲料，又可喂猪。全草药用，治内伤吐血。

097 无距还亮草

学名： *Delphinium ecalcaratum* S. Y. Wang & K. F. Zhou

科名： 毛茛科　**属名：** 翠雀属

识别特征

一年生草本，主根少分枝，生多数须根。茎直立，上部分枝，具条棱，被反曲柔毛。基生或茎下部叶有长叶柄，上部叶柄渐短。叶片菱状卵形或三角状卵形，二至三回羽状全裂；一回裂片斜卵形，长渐尖；二回裂片或羽状浅裂，或不分裂而呈狭卵形或披针形，表面被稀疏短柔毛，背面淡绿色，无毛。总状花序，生于茎和分枝的顶端，具 2 ~ 5 花，稀较多。花序轴与花梗被反曲短柔毛。小苞片 2 个，线形，有柔毛。花堇色，萼片 5 个，椭圆形或长圆形，具 3 脉，背面沿脉有疏毛。雄蕊 6 ~ 10 个，花药紫褐色，与萼片略等长。心皮 3 个，疏被反曲毛。菁葖果、被疏毛或几无毛，花期 4 月，果熟期 5 月。

分布与生境

产于河南新县、商城、罗山、信阳等地，生于山坡、河边、草地。

经济用途

全草供药用，治风湿骨痛，外涂治痈疮癣癞。

098 人字果

学名： *Dichocarpum sutchuenense* (Franch.) W. T. Wang et Hsiao

科名： 毛茛科 **属名：** 人字果属

识别特征

草本全体无毛。根状茎横走，较粗壮，暗褐色，密生多数细根。茎单一，基生叶少数，在花、果期时常枯萎，为鸟趾状复叶。叶片草质。中央指片圆形或宽倒卵圆形，基部宽楔形，中部以上三至五浅裂，浅裂片顶端微凹，侧生指片有小叶 2、4 或 6 枚，小叶不等大，斜卵圆形、菱状卵形或倒卵形，具短柄或近无柄。茎生叶通常 1 枚，间或不存在，似基生叶。下部和中部的苞片似茎生叶，但较小，最上部的苞片三全裂，无柄。萼片白色，倒卵状椭圆形，顶端钝。花瓣金黄色，瓣片近圆形，顶端通常微凹，有时全缘。雄蕊 20 ~ 45 枚，花药宽椭圆形。心皮约与雄蕊等长，子房倒披针形。种子 8 ~ 10 粒，圆球形，黄褐色，光滑。4 ~ 5 月开花，5 ~ 6 月结果。

分布与生境

分布于云南、四川、湖北及浙江。生于海拔 1 450 ~ 2 150 m 的山地林下湿润处或溪边的岩石旁。

经济用途

属药用植物，具有清热除湿、解毒散结、止咳化痰（耳状人字果 D. auriculatum），健脾益胃、强身补虚（粉背叶人字果 D. hypoglaucum），清热明目（纵肋人字果 D. fargesii）等功效。主治湿热黄疸、痈肿疮毒、瘰疬、痰热咳嗽、癫痫（耳状人字果 D. auriculatum），清热解毒、消肿止痛、痈疮肿毒、外伤肿痛、跌打疼痛（蕨叶人字果 D. dalzielii），消化不良。

099 华东唐松草

学名： *Thalictrum fortunei* S. Moore　**科名：** 毛茛科　**属名：** 唐松草属

识别特征

植株全体无毛，自下部或中部分枝。基生叶有长柄，为二至三回三出复叶。小叶草质，背面粉绿色，顶生小叶近圆形，顶端圆，基部圆形或浅心形，不明显三浅裂，边缘有浅圆齿，侧生小叶的基部斜心形，脉在下面隆起，脉网明显。叶柄细，有细纵槽，基部有短鞘，托叶膜质，半圆形，全缘。复单歧聚伞花序圆锥状。花梗丝形，萼片 4，白色或淡堇色，倒卵形。花药椭圆形，先端钝，花丝比花药宽或窄，上部倒披针形。心皮（3 ~ ）4 ~ 6，子房长圆形，花柱短，直或顶端弯曲，沿腹面生柱头组织。瘦果无柄，圆柱状长圆形，有 6 ~ 8 条纵肋，顶端通常拳卷。3 ~ 5 月开花。

分布与生境

分布于江西北部、安徽南部、江苏南部和浙江。生于海拔 100 ~ 1 500 m 的丘陵或山地林下或较阴湿处。

经济用途

在安徽南部，本种植物的根用来代替黄连。

100 东亚唐松草

学名： *Thalictrum minus* var. *hypoleucum* (Sieb.et Zucc.) Miq.

科名： 毛茛科　**属名：** 唐松草属

识别特征

与亚欧唐松草的区别：小叶较大，长和宽均为 1.5 ～ 4（～ 5） cm，背面有白粉，粉绿色，脉隆起，脉网明显。

分布与生境

在我国分布于广东北部、湖南、贵州、四川、湖北、安徽、江苏北部、河南、陕西、山西、山东、河北、内蒙古、辽宁、吉林、黑龙江。生于丘陵或山地林边或山谷沟边。在朝鲜、日本也有分布。

经济用途

根可治牙痛、急性皮炎、湿疹等症。

101 鹅掌草

学名：*Anemone flaccida* Fr. Schmidt　**科名：**毛茛科　**属名：**银莲花属

识别特征

根状茎斜，近圆柱形，节间缩短。基生叶 1 ~ 2，有长柄。叶片薄草质，五角形，基部深心形，三全裂，中全裂片菱形，三裂，末回裂片卵形或宽披针形，有 1 ~ 3 齿或全缘，侧全裂片不等二深裂，表面有疏毛，背面通常无毛或近无毛，脉平。叶柄无毛或近无毛。花葶只在上部有疏柔毛。苞片 3，似基生叶，无柄，不等大，菱状三角形或菱形，三深裂。花梗 2 ~ 3，有疏柔毛。萼片 5，白色，倒卵形或椭圆形，顶端钝或圆形，外面有疏柔毛。雄蕊长约萼片之半，花药椭圆形，花丝丝形。心皮约 8，子房密被淡黄色短柔毛，无花柱，柱头近三角形。4 ~ 6 月开花。

分布与生境

在我国分布于云南西北部（海拔 3 000 m）、四川（1 700 m）、贵州（1 100 ~ 1 800 m）、湖北西部、湖南、江西、浙江西北部、江苏南部、陕西南部（1 100 ~ 1 200 m）、甘肃南部（达 2 600 m）。生于山谷中草地或林下。在日本和俄罗斯（远东地区）也有分布。

经济用途

根状茎可药用，治跌打损伤。

102 茴茴蒜

学名： *Ranunculus chinensis* Bunge **科名：** 毛茛科 **属名：** 毛茛属

识别特征

一年生草本。须根多数簇生。茎直立粗壮，中空，有纵条纹，分枝多，与叶柄均密生开展的淡黄色糙毛。基生叶与下部叶有长叶柄，为3出复叶，叶片宽卵形至三角形，小叶2～3深裂，裂片倒披针状楔形，上部有不等的粗齿或缺刻或2～3裂，顶端尖，两面伏生开展的糙毛。上部叶较小和叶柄较短，叶片3全裂，裂片有粗齿牙或再分裂。花序有较多疏生的花，花梗贴生糙毛。萼片狭卵形，外面生柔毛。花瓣5，宽卵圆形，与萼片近等长或稍长，黄色或上面白色，基部有短爪，蜜槽有卵形小鳞片。花托在果期显著伸长，圆柱形，密生白短毛。聚合果长圆形。瘦果扁平，为厚的5倍以上，无毛，喙极短，呈点状。花果期5～9月。

分布与生境

分布于我国广大地区，西藏、云南、四川、陕西、甘肃、青海、新疆、内蒙古、黑龙江、吉林、辽宁、河北、山西、河南、山东、湖北、湖南、江西、江苏、安徽、浙江、广东、广西、贵州均有分布。生于海拔700～2 500 m、平原与丘陵、溪边、田旁的水湿草地。印度、朝鲜、日本及俄罗斯西伯利亚、远东地区也有分布。

经济用途

全草药用，外敷引赤发泡，有消炎、退肿、截疟及杀虫之效。

103 毛茛

学名：*Ranunculus japonicus* Thunb. **科名：**毛茛科 **属名：**毛茛属

识别特征

多年生草本，须根多数簇生。茎直立，中空，有槽，具分枝，生开展或贴伏的柔毛。基生叶多数。叶片圆心形或五角形，基部心形或截形，通常3深裂不达基部，中裂片倒卵状楔形或宽卵圆形或菱形，3浅裂，边缘有粗齿或缺刻，侧裂片不等地2裂，两面贴生柔毛，下面或幼时的毛较密。叶柄生开展柔毛。下部叶与基生叶相似，渐向上叶柄变短，叶片较小，3深裂，裂片披针形，有尖齿牙或再分裂。最上部叶线形，全缘，无柄。聚伞花序有多数花，疏散。花梗贴生柔毛。萼片椭圆形，生白柔毛。花瓣5，倒卵状圆形。花托短小，无毛。聚合果近球形。瘦果扁平，上部最宽处与长近相等，约为厚的5倍以上，无毛，喙短直或外弯。花果期4～9月。

分布与生境

除西藏外，在我国各省区广布。生于田沟旁和林缘路边的湿草地上，海拔200～2 500 m。朝鲜、日本、俄罗斯（远东地区）也有分布。

经济用途

全草含原白头翁素，有毒，为发泡剂和杀菌剂，捣碎外敷，可截疟、消肿及治疮癣。

104 扬子毛茛

学名： *Ranunculus sieboldii* Miq.　**科名：** 毛茛科　**属名：** 毛茛属

识别特征

多年生草本，须根伸长簇生。茎铺散，斜升，下部节偃地生根，多分枝，密生开展的白色或淡黄色柔毛。基生叶与茎生叶相似，为3出复叶；叶片圆肾形至宽卵形，基部心形，中央小叶宽卵形或菱状卵形，3浅裂至较深裂，边缘有锯齿，小叶柄生开展柔毛；侧生小叶不等地2裂，背面或两面疏生柔毛；叶柄密生开展的柔毛，基部扩大成褐色膜质的宽鞘抱茎上部叶较小，叶柄也较短。花与叶对生，花梗密生柔毛。萼片狭卵形，面生柔毛，花期向下反折，迟落。花瓣5，黄色或上面变白色，狭倒卵形至椭圆形，有5 ~ 9条或深色脉纹，下部渐窄成长爪，蜜槽小鳞片位于爪的基部；雄蕊20余枚，花托粗短，密生白柔毛。聚合果圆球形，瘦果扁平，为厚的5倍以上，无毛，喙成锥状外弯。花果期5 ~ 10月。

分布与生境

在我国分布于四川、云南东部、贵州、广西、湖南、湖北、江西、江苏、浙江、福建及陕西、甘肃等地。生于海拔300 ~ 2 500 m的山坡林边及平原湿地。日本也有分布。

经济用途

全草药用，捣碎外敷，发泡截疟及治疮毒、腹水浮肿。

105 黄芦木

学名： *Berberis amurensis* Rupr. **科名：** 小檗科 **属名：** 小檗属

识别特征

落叶灌木，老枝淡黄色或灰色，稍具棱槽，无疣点。茎刺三分叉，稀单一。叶纸质，倒卵状椭圆形、椭圆形或卵形，先端急尖或圆形，基部楔形，上面暗绿色，中脉和侧脉凹陷，网脉不显，背面淡绿色，无光泽，中脉和侧脉微隆起，网脉微显，叶缘平展，每边具 40 ~ 60 细刺齿。总状花序具 10 ~ 25 朵花，无毛。花黄色。萼片 2 轮，外萼片倒卵形，内萼片与外萼片同形。花瓣椭圆形，先端浅缺裂，基部稍呈爪，具 2 枚分离腺体。浆果长圆形，红色，顶端不具宿存花柱，不被白粉或仅基部微被霜粉。花期 4 ~ 5 月，果期 8 ~ 9 月。

分布与生境

产于黑龙江、吉林、辽宁、河北、内蒙古、山东、河南、山西、陕西、甘肃。日本、朝鲜、俄罗斯（西伯利亚）也有分布。生于山地灌丛中、沟谷、林缘、疏林中、溪旁或岩石旁。海拔 1 100 ~ 2 850 m。

经济用途

根皮和茎皮含小檗碱，供药用。有清热燥湿、泻火解毒的功能。主治痢疾、黄疸、关节肿痛、口疮、黄水疮等，可作黄连代用品。

106 日本小檗

学名： *Berberis thunbergii* DC.　**科名：** 小檗科　**属名：** 小檗属

识别特征

落叶灌木，多分枝。枝条开展，具细条棱，幼枝淡红带绿色，无毛，老枝暗红色。

茎刺单一，偶3分叉。叶薄纸质，倒卵形、匙形或菱状卵形，先端骤尖或钝圆，基部狭而呈楔形，全缘，上面绿色，背面灰绿色，中脉微隆起，两面网脉不显，无毛。花2 ~ 5朵组成具总梗的伞形花序，或近簇生的伞形花序或无总梗而呈簇生状。花梗无毛。小苞片卵状披针形，带红色。花黄色。外萼片卵状椭圆形，先端近钝形，带红色，内萼片阔椭圆形，先端钝圆。花瓣长圆状倒卵形，先端微凹，基部略呈爪状，具2枚紧靠的腺体。浆果椭圆形，亮鲜红色，无宿存花柱。种子1 ~ 2枚，棕褐色。花期4 ~ 6月，果期7 ~ 10月。

分布与生境

本种原产于日本，是小檗属中栽培最广泛的种之一，我国大部分省区特别是各大城市常栽培于庭园中或路旁作绿化或绿篱用。

经济用途

根和茎含小檗碱，可供提取黄连素的原料。民间枝、叶煎水服，可治结膜炎。根皮可作健胃剂。茎皮去外皮后，可作黄色染料。

107 十大功劳

学名：*Mahonia fortunei* (Lindl.) Fedde **科名：**小檗科 **属名：**十大功劳属

识别特征

灌木，叶倒卵形至倒卵状披针形，具 2 ~ 5 对小叶，最下一对小叶外形与往上小叶相似，上面暗绿至深绿色，叶脉不显，背面淡黄色，偶稍苍白色，叶脉隆起。小叶无柄或近无柄，狭披针形至狭椭圆形，基部楔形，边缘每边具 5 ~ 10 刺齿，先端急尖或渐尖。总状花序 4 ~ 10 个簇生。芽鳞披针形至三角状卵形。花苞片卵形，急尖。花黄色。外萼片卵形或三角状卵形，中萼片长圆状椭圆形，内萼片长圆状椭圆形。花瓣长圆形，基部腺体明显，先端微缺裂，裂片急尖。浆果球形，直径 4 ~ 6 mm，紫黑色，被白粉。花期 7 ~ 9 月，果期 9 ~ 11 月。

分布与生境

产于广西、四川、贵州、湖北、江西、浙江。生于山坡沟谷林中、灌丛中、路边或河边。海拔 350 ~ 2 000 m。各地有栽培，为庭园观赏植物。在日本、印度尼西亚和美国等地也有栽培。

经济用途

全株可供药用。有清热解毒、滋阴强壮之功效。

108 阔叶十大功劳

学名： *Mahonia bealei* (Fort.) Carr. **科名：** 小檗科 **属名：** 十大功劳属

识别特征

灌木或小乔木，叶狭倒卵形至长圆形，具 4 ~ 10 对小叶，上面暗灰绿色，背面被白霜，有时淡黄绿色或苍白色，两面叶脉不显，小叶厚革质，硬直，自叶下部往上小叶渐次变长而狭，最下一对小叶卵形，具 1 ~ 2 粗锯齿，往上小叶近圆形至卵形或长圆形，基部阔楔形或圆形，偏斜，有时心形，边缘每边具 2 ~ 6 粗锯齿，先端具硬尖，顶生小叶较大，具柄。总状花序直立，通常 3 ~ 9 个簇生。芽鳞卵形至卵状披针形，苞片阔卵形或卵状披针形，先端钝，花黄色。外萼片卵形，中萼片椭圆形，内萼片长圆状椭圆形。花瓣倒卵状椭圆形，基部腺体明显，先端微缺。浆果卵形，深蓝色，被白粉。花期 9 月至翌年 1 月，果期 3 ~ 5 月。

分布与生境

产于浙江、安徽、江西、福建、湖南、湖北、陕西、河南、广东、广西、四川。该种在日本、墨西哥、美国温暖地区以及欧洲等地已广为栽培。在美国东部似已成为归化植物。生于阔叶林、竹林、杉木林及混交林下、林缘，草坡，溪边、路旁或灌丛中。

经济用途

枝干典雅可观、叶形奇特，成簇的黄花秋冬开放，芳香宜人，且为中国北方地区露地栽培开花最晚的植物之一，可作北方秋冬季重要的观花树种，暗蓝色的果实别致而可爱，是一种叶、花、果俱佳的观赏植物。可点缀于草坪，或栽于公园、庭院的建筑物旁、水榭、窗前等处，也常与假山石配植，还可作刺篱，同时也是制作盆景的好材料。全株入药，能清热解毒、消肿、止泻，治肺结核。

109 南天竹

学名：*Nandina domestica* Thunb.　**科名：**小檗科　**属名：**南天竹属

识别特征

常绿小灌木，茎常丛生而少分枝，光滑无毛，幼枝常为红色，老后呈灰色。叶互生，集生于茎的上部，三回羽状复叶。二至三回羽片对生。小叶薄革质，椭圆形或椭圆状披针形，顶端渐尖，基部楔形，全缘，上面深绿色，冬季变红色，背面叶脉隆起，两面无毛。近无柄，圆锥花序直立。花小，白色，具芳香。萼片多轮，外轮萼片卵状三角形，向内各轮渐大，最内轮萼片卵状长圆形。花瓣长圆形，先端圆钝。雄蕊 6，花丝短，花药纵裂，药隔延伸。子房 1 室，具 1 ~ 3 枚胚珠。浆果球形，熟时鲜红色，稀橙红色。种子扁圆形。花期 3 ~ 6 月，果期 5 ~ 11 月。

分布与生境

产于福建、浙江、山东、江苏、江西、安徽、湖南、湖北、广西、广东、四川、云南、贵州、陕西、河南。生于山地林下沟旁、路边或灌丛中。海拔 1 200 m 以下。日本也有分布。北美洲东南部有栽培。

经济用途

根、叶具有强筋活络、消炎解毒之效，果为镇咳药，但过量有中毒之虞。各地庭园常有栽培，为优良观赏植物。

110 柔毛淫羊藿

学名： *Epimedium pubescens* Maxim. **科名：** 小檗科 **属名：** 淫羊藿属

识别特征

多年生草木，根状茎粗短，有时伸长，被褐色鳞片。一回三出复叶基生或茎生。茎生叶 2 枚对生，小叶 3 枚。小叶叶柄疏被柔毛。小叶片革质，卵形、狭卵形或披针形，先端渐尖或短渐尖，基部深心形，有时浅心形，顶生小叶基部裂片圆形，几等大。侧生小叶基部裂片极不等大，急尖或圆形，上面深绿色，有光泽，背面密被绒毛，短柔毛和灰色柔毛，边缘具细密刺齿。花茎具 2 枚对生叶。圆锥花序具 30 ~ 100 余朵花，通常序轴及花梗被腺毛，有时无总梗。萼片 2 轮，外萼片阔卵形，带紫色，内萼片披针形或狭披针形，急尖或渐尖，白色。花瓣远较内萼片短，囊状，淡黄色。蒴果长圆形，宿存花柱长喙状。花期 4 ~ 5 月，果期 5 ~ 7 月。

分布与生境

产于陕西、甘肃、湖北、四川、河南、贵州、安徽。生于林下、灌丛中、山坡地边或山沟阴湿处。海拔 300 ~ 2 000 m。

经济用途

本种在四川南充、宜宾等地收购入药。功效同淫羊藿。

111 类叶牡丹

学名：*Caulophyllum robustum* Maxim. **科名：**小檗科 **属名：**红毛七属

识别特征

多年生草本，根状茎粗短。茎生2叶，互生，2～3回三出复叶，下部叶具长柄。小叶卵形，长圆形或阔披针形，先端渐尖，基部宽楔形，全缘，有时2～3裂，上面绿色，背面淡绿色或带灰白色，两面无毛。顶生小叶具柄，侧生小叶近无柄。圆锥花序顶生。花瓣6，远较萼片小，蜜腺状，扇形，基部缢缩呈爪。雄蕊6花丝稍长于花药。雌蕊单一，子房1室，具2枚基生胚珠，花后子房开裂，露出2枚球形种子。果熟时柄增粗。种子浆果状，微被白粉，熟后蓝黑色，外被肉质假种皮。花期5～6月，果期7～9月。

分布与生境

产于黑龙江、吉林、辽宁、山西、陕西、甘肃、河北、河南、湖南、湖北、安徽、浙江、四川、云南、贵州、西藏。生于林下、山沟阴湿处或竹林下，亦生于银杉林下。海拔950～3 500 m。朝鲜、日本、俄罗斯（远东地区）也有分布。

经济用途

根及根茎入药，有活血散瘀、祛风止痛、清热解毒、降压止血的功能。主治月经不调、产后瘀血、腹痛、跌打损伤、关节炎、扁桃腺炎、高血压、胃痛、外痔等症。

112 紫玉兰

学名： *Yulania liliiflora* (Desr.) D. L. Fu　**科名：** 木兰科　**属名：** 玉兰属

识别特征

落叶灌木，常丛生，树皮灰褐色，小枝绿紫色或淡褐紫色。叶椭圆状倒卵形或倒卵形，先端急尖或渐尖，基部渐狭沿叶柄下延至托叶痕，上面深绿色，幼嫩时疏生短柔毛，下面灰绿色，沿脉有短柔毛。侧脉每边 8 ~ 10 条，托叶痕约为叶柄长之半。花蕾卵圆形，被淡黄色绢毛。花叶同时开放，瓶形，直立于粗壮、被毛的花梗上，稍有香气。花被片 9 ~ 12，外轮 3 片萼片状，紫绿色，常早落，内两轮肉质，外面紫色或紫红色，内面带白色，花瓣状，椭圆状倒卵形。雄蕊紫红色，侧向开裂，药隔伸出成短尖头。雌蕊群淡紫色，无毛。聚合果深紫褐色，变褐色，圆柱形。成熟蓇葖近圆球形，顶端具短喙。花期 3 ~ 4 月，果期 8 ~ 9 月。

分布与生境

产于福建、湖北、四川、云南西北部。生于海拔 300 ~ 1 600 m 的山坡林缘。本种与玉兰同为我国传统花卉，我国各大城市都有栽培，并已引种至欧美各国都市，花色艳丽，享誉中外。

经济用途

树皮、叶、花蕾均可入药。花蕾晒干后称辛夷，气香、味辛辣，含柠檬醛、丁香油酚、桉油精为主的挥发油，主治鼻炎、头痛，作镇痛消炎剂，为我国传统中药，亦作玉兰、白兰等木兰科植物的嫁接砧木。

113 荷花玉兰

学名：*Magnolia grandiflora* L.　**科名：**木兰科　**属名：**北美木兰属

识别特征

常绿乔木，树皮淡褐色或灰色，薄鳞片状开裂。小枝粗壮，具横隔的髓心。小枝、芽、叶下面、叶柄均密被褐色或灰褐色短绒毛（幼树的叶下面无毛）。叶厚革质，椭圆形、长圆状椭圆形或倒卵状椭圆形，先端钝或短钝尖，基部楔形，叶面深绿色，有光泽。侧脉每边 8 ~ 10 条。叶柄无托叶痕，具深沟。花白色，有芳香。花被片 9 ~ 12，厚肉质，倒卵形。花丝扁平，紫色，花药内向，药隔伸出成短尖。雌蕊群椭圆体形，密被长绒毛。心皮卵形，花柱呈卷曲状。聚合果圆柱状长圆形或卵圆形，密被褐色或淡灰黄色绒毛。蓇葖背裂，背面圆，顶端外侧具长喙。种子近卵圆形或卵形，外种皮红色，除去外种皮的种子，顶端延长成短颈。花期 5 ~ 6 月，果期 9 ~ 10 月。

分布与生境

原产于北美洲东南部。我国长江流域以南各城市有栽培。兰州及北京公园也有栽培。本种广泛栽培，超过 150 个栽培品系。花大，白色，状如荷花，芳香，为美丽的庭园绿化观赏树种，适生于湿润肥沃土壤，对二氧化硫、氯气、氟化氢等有毒气体抗性较强。也耐烟尘。

经济用途

木材黄白色，材质坚重，可供装饰材用。叶、幼枝和花可提取芳香油。花制浸膏用。叶入药治高血压。种子榨油，含油率 42.5%。

114 深山含笑

学名： *Michelia maudiae* Dunn **科名：** 木兰科 **属名：** 含笑属

识别特征

乔木，各部均无毛。树皮薄、浅灰色或灰褐色。芽、嫩枝、叶下面、苞片均被白粉。叶革质，长圆状椭圆形，很少卵状椭圆形，先端骤狭短渐尖或短渐尖而尖头钝，基部楔形，阔楔形或近圆钝，上面深绿色，有光泽，下面灰绿色，被白粉，侧脉每边 7 ~ 12 条，直或稍曲，至近叶缘开叉网结，网眼致密。叶柄无托叶痕。花梗绿色具 3 环状苞片脱落痕，佛焰苞状苞片淡褐色，薄革质。花芳香，花被片 9 片，纯白色，基部稍呈淡红色，外轮的倒卵形，顶端具短急尖，基部具长约 1 cm 的爪，内两轮则渐狭小。近匙形，顶端尖。聚合果，蓇葖长圆体形、倒卵圆形、卵圆形，顶端圆钝或具短突尖头。种子红色，斜卵圆形，稍扁。花期 2 ~ 3 月，果期 9 ~ 10 月。

分布与生境

产于浙江南部、福建、湖南、广东（北部、中部及南部沿海岛屿）、广西、贵州。生于海拔 600 ~ 1 500 m 的密林中。

经济用途

木材纹理直，结构细，易加工，可作家具、板料、绘图板、细木工用材。叶鲜绿。花纯白艳丽，为庭园观赏树种，可提取芳香油，亦供药用。

115 阔瓣含笑

学名： *Michelia cavaleriei* var. *platypetala* (Hand.-Mazz.) N. H. Xia

科名： 木兰科　**属名：** 含笑属

识别特征

乔木，嫩枝、芽、嫩叶均被红褐色绢毛。叶薄革质，长圆形、椭圆状长圆形，先端渐尖，或骤狭短渐尖，基部宽楔形或圆钝，下面被灰白色或杂有红褐色平伏微柔毛，侧脉每边 8 ～ 14 条。叶柄无托叶痕，被红褐色平伏毛。花梗通常具 2 苞片脱落痕，被平伏毛。花被片 9，白色，外轮倒卵状椭圆形或椭圆形，中轮稍狭，内轮狭卵状披针形。雌蕊群圆柱形，被灰色及金黄色微柔毛。心皮卵圆形，胚珠约 8 颗。蓇葖无柄，长圆体形，很少球形或卵圆形，顶端圆，有时偏上部一侧有短尖，基部无柄，有灰白色皮孔，常背腹两面全部开裂。种子淡红色，扁宽卵圆形或长圆体形。花期 3 ～ 4 月，果期 8 ～ 9 月。

分布与生境

产于湖北西部、湖南西南部、广东东部、广西东北部、贵州东部。生于海拔 1 200 ～ 1 500 m 的密林中。

经济用途

树根可入药。其树形优美，幼叶及幼枝因被丝质绢毛而呈红褐色，色彩美，花大，洁白素雅，花多而花期长，是优良的木本花卉和园林风景树，可在城市森林营造中推广应用，大树可孤植于草坪中，或列植于道路两旁。

116 蜡 梅

学名： *Chimonanthus praecox* (L.) Link **科名：** 蜡梅科 **属名：** 蜡梅属

识别特征

落叶灌木，幼枝四方形，老枝近圆柱形，灰褐色，无毛或被疏微毛，有皮孔。鳞芽通常着生于第二年生的枝条叶腋内，芽鳞片近圆形，覆瓦状排列，外面被短柔毛。叶纸质至近革质，卵圆形、椭圆形、宽椭圆形至卵状椭圆形，有时长圆状披针形，顶端急尖至渐尖，有时具尾尖，基部急尖至圆形，除叶背脉上被疏微毛外无毛。花着生于第二年生枝条叶腋内，先花后叶，芳香。花被片圆形、长圆形、倒卵形、椭圆形或匙形，无毛，内部花被片比外部花被片短，基部有爪。花丝比花药长或等长，花药向内弯，无毛，药隔顶端短尖。心皮基部被疏硬毛，花柱长达子房 3 倍，基部被毛。果托近木质化，坛状或倒卵状椭圆形，口部收缩，并具有钻状披针形的被毛附生物。花期 11 月至翌年 3 月，果期 4 ～ 11 月。

分布与生境

野生于山东、江苏、安徽、浙江、福建、江西、湖南、湖北、河南、陕西、四川、贵州、云南等省。广西、广东等省（区）均有栽培。生于山地林中。日本、朝鲜和欧洲、美洲均有引种栽培。

经济用途

花芳香美丽，是园林绿化植物。根、叶可药用，有理气止痛、散寒解毒的功效，可治跌打、腰痛、风湿麻木、风寒感冒、刀伤出血。花解暑生津，治心烦口渴、气郁胸闷。花蕾油治烫伤。花可提取蜡梅浸膏，化学成分有苄醇、乙酸苄酯、芳樟醇、金合欢花醇、松油醇、吲哚等。种子含蜡梅碱。

117 樟

学名： *Camphora officinarum* Nees ex Wall. **科名：** 樟科 **属名：** 樟属

识别特征

常绿大乔木，树冠广卵形。枝、叶及木材均有樟脑气味。树皮黄褐色，有不规则的纵裂。顶芽广卵形或圆球形，鳞片宽卵形或近圆形，外面略被绢状毛。枝条圆柱形，淡褐色，无毛。叶互生，卵状椭圆形，先端急尖，基部宽楔形至近圆形，边缘全缘，软骨质，有时呈微波状，上面绿色或黄绿色，有光泽，下面黄绿色或灰绿色，晦暗，两面无毛或下面幼时略被微柔毛，具离基3出脉，有时过渡到基部具不显的5脉，中脉两面明显，上部每边有侧脉1～3～5（7）条，基生侧脉向叶缘一侧有少数支脉，侧脉及支脉脉腋上面明显隆起，下面有明显腺窝，窝内常被柔毛。叶柄纤细，腹凹背凸，无毛。圆锥花序腋生，具梗，与各级序轴均无毛或被灰白至黄褐色微柔毛，被毛时往往在节上尤为明显。花绿白色或带黄色。花梗无毛。花被外面无毛或被微柔毛，内面密被短柔毛，花被筒倒锥形，花被裂片椭圆形。能育雄蕊9，花丝被短柔毛。退化雄蕊3，位于最内轮，箭头形，被短柔毛。子房球形，无毛。果卵球形或近球形，紫黑色。果托杯状，顶端截平，具纵向沟纹。花期4～5月，果期8～11月。

分布与生境

产于南方及西南各省区。常生于山坡或沟谷中，但常有栽培的。越南、朝鲜、日本也有分布，其他各国常有引种栽培。

经济用途

木材及根、枝、叶可提取樟脑和樟油，樟脑和樟油供医药及香料工业用。果核含脂肪，含油量约40%，油供工业用。根、果、枝和叶入药，有祛风散寒、强心镇痉和杀虫等功效。木材又为造船、橱箱和建筑等用材。从其樟油化学成分看，可分为三个类型，即本樟（含樟脑为主）、芳樟（含芳樟醇为主）和油樟（含松油醇为主），各个类型的经济价值不尽相同，为结合生产应进行细分，可依据樟树形态上的微细差异再结合枝、叶和木材的气味加以鉴别。

118 白 楠

学名： *Phoebe neurantha* (Hemsl.) Gamble　**科名：** 樟科　**属名：** 楠属

识别特征

大灌木至乔木，树皮灰黑色。小枝初时疏被短柔毛或密被长柔毛，后变近无毛。叶革质，狭披针形、披针形或倒披针形，先端尾状渐尖或渐尖，基部渐狭下延，极少为楔形，上面无毛或嫩时有毛，下面绿色或有时苍白色，初时疏或密被灰白色柔毛，后渐变为仅被散生短柔毛或近于无毛，中脉上面下陷，侧脉通常每边 8 ~ 12 条，下面明显突起，横脉及小脉略明显。叶柄被柔毛或近于无毛。圆锥花序，在近顶部分枝，被柔毛，结果时近无毛或无毛。花被片卵状长圆形，外轮较短而狭，内轮较长而宽，先端钝，两面被毛，内面毛被特别密。各轮花丝被长柔毛，腺体无柄，着生在第三轮花丝基部，退化雄蕊具柄，被长柔毛。子房球形，花柱伸长，柱头盘状。果卵形。果梗不增粗或略增粗。宿存花被片革质，松散，有时先端外倾，具明显纵脉。花期 5 月，果期 8 ~ 10 月。

分布与生境

产于江西、湖北、湖南、广西、贵州、陕西、甘肃、四川、云南。生于山地密林中。

经济用途

木材供建筑、家具等用。

119 闽楠

学名： *Phoebe bournei* (Hemsl.) Yang **科名：** 樟科 **属名：** 楠属

识别特征

大乔木，树干通直，分枝少。老的树皮灰白色，新的树皮带黄褐色。小枝有毛或近无毛。叶革质或厚革质，披针形或倒披针形，先端渐尖或长渐尖，基部渐狭或楔形，上面发亮，下面有短柔毛，脉上被伸展长柔毛，有时具缘毛，中脉上面下陷，侧脉每边 10 ~ 14 条，上面平坦或下陷，下面突起，横脉及小脉多而密，在下面结成十分明显的网格状。花序生于新枝中、下部，被毛，通常 3 ~ 4 个，为紧缩不开展的圆锥花序。花被片卵形，两面被短柔毛。第一、二轮花丝疏被柔毛，第三轮密被长柔毛，基部的腺体近无柄，退化雄蕊三角形，具柄，有长柔毛。子房近球形，与花柱无毛，或上半部与花柱疏被柔毛，柱头帽状。果椭圆形或长圆形。宿存花被片被毛，紧贴。花期 4 月，果期 10 ~ 11 月。

分布与生境

产于江西、福建、浙江南部、广东、广西北部及东北部、湖南、湖北、贵州东南及东北部。野生的多见于山地沟谷阔叶林中，也有栽培。

经济用途

木材纹理直，结构细密，芳香，不易变形及虫蛀，也不易开裂，为建筑、高级家具等良好木材。

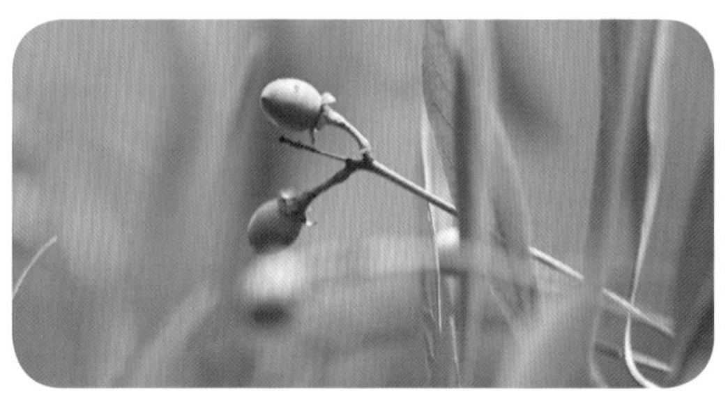

120 檫　木

学名： *Sassafras tzumu* (Hemsl.) Hemsl.　**科名：** 樟科　**属名：** 檫木属

识别特征

落叶乔木，树皮幼时黄绿色，平滑，老时变灰褐色，呈不规则纵裂。顶芽大，椭圆形，芽鳞近圆形，外面密被黄色绢毛。枝条粗壮，近圆柱形，多少具棱角，无毛，初时带红色，干后变黑色。叶互生，聚集于枝顶，卵形或倒卵形，先端渐尖，基部楔形，全缘或 2 ~ 3 浅裂，裂片先端略钝，坚纸质，上面绿色，晦暗或略光亮，下面灰绿色，两面无毛或下面尤其是沿脉网疏被短硬毛，羽状脉或离基三出脉，中脉、侧脉及支脉两面稍明显，最下方一对侧脉对生，十分发达，向叶缘一方生出多数支脉，支脉向叶缘弧状网结。叶柄纤细，鲜时常带红色，腹平背凸，无毛或略被短硬毛。花

序顶生，先叶开放，多花，具梗，与序轴密被棕褐色柔毛，基部承有迟落互生的总苞片。苞片线形至丝状，位于花序最下部者最长。花黄色，雌雄异株。花梗纤细，密被棕褐色柔毛。雄花：花被筒极短，花被裂片 6，披针形，近相等，先端稍钝，外面疏被柔毛，内面近于无毛。能育雄蕊 9，成三轮排列，近相等，花丝扁平，被柔毛，第一、二轮雄蕊花丝无腺体，第三轮雄蕊花丝近基部有一对具短柄的腺体，花药均为卵圆状长圆形，4 室，上方 2 室较小，药室均内向，退化雄蕊 3，三角状钻形，具柄。退化雌蕊明显。雌花：退化雄蕊 12，排成 4 轮，体态上类似雄花的能育雄蕊及退化雄蕊。子房卵珠形，无毛，等粗，柱头盘状。果近球形，成熟时蓝黑色而带有白蜡粉，着生于浅杯状的果托上，上端渐增粗，无毛，与果托呈红色。花期 3 ～ 4 月，果期 5 ～ 9 月。

分布与生境

产于浙江、江苏、安徽、江西、福建、广东、广西、湖南、湖北、四川、贵州及云南等省（区）。常生于疏林或密林中，海拔 150 ～ 1 900 m。

经济用途

本种木材浅黄色，材质优良，细致，耐久，用于造船、水车及上等家具。根和树皮入药，有活血散瘀、祛风去湿功能，治扭挫伤和腰肌劳损。果、叶和根尚含芳香油，根含油 1% 以上，油主要成分为黄樟油素。

121 木姜子

学名：*Litsea pungens* Hemsl. **科名：**樟科 **属名：**木姜子属

识别特征

落叶小乔木，树皮灰白色。幼枝黄绿色，被柔毛，老枝黑褐色，无毛。顶芽圆锥形，鳞片无毛。叶互生，常聚生于枝顶，披针形或倒卵状披针形，先端短尖，基部楔形，膜质，幼叶下面具绢状柔毛，后脱落渐变无毛或沿中脉有稀疏毛，羽状脉，侧脉每边 5 ~ 7 条，叶脉在两面均突起。叶柄纤细，初时有柔毛，后脱落渐变无毛。伞形花序腋生。总花梗无毛。每一花序有雄花 8 ~ 12 朵，先叶开放。花梗被丝状柔毛。花被裂片 6，黄色，倒卵形，外面有稀疏柔毛。能育雄蕊 9，花丝仅基部有柔毛，第 3 轮基部有黄色腺体，圆形。退化雌蕊细小，无毛。果球形，成熟时蓝黑色。果梗先端略增粗。花期 3 ~ 5 月，果期 7 ~ 9 月。

分布与生境

产于湖北、湖南、广东北部、广西、四川、贵州、云南、西藏、甘肃、陕西、河南、山西南部、浙江南部。生于溪旁和山地阳坡杂木林中或林缘，海拔 800 ~ 2 300 m。

经济用途

果含芳香油，干果含芳香油 2% ~ 6%，鲜果含 3% ~ 4%，主要成分为柠檬醛 60% ~ 90%，香叶醇 5% ~ 19%，可作食用香精和化妆香精，现已广泛用于高级香料、紫罗兰酮等原料。种子含脂肪油 48.2%，可供制皂和工业用。

122 紫堇

学名： *Corydalis edulis* Maxim. **科名：** 罂粟科 **属名：** 紫堇属

识别特征

一年生灰绿色草本，具主根。茎分枝，具叶。花枝花葶状，常与叶对生。基生叶具长柄，叶片近三角形，上面绿色，下面苍白色，1 ~ 2 回羽状全裂，一羽片 2 ~ 3 对，具短柄，二回羽片近无柄，倒卵圆形，羽状分裂，裂片狭卵圆形，顶端钝，近具短尖。茎生叶与基生叶同形。总状花序疏具 3 ~ 10 花。苞片狭卵圆形至披针形，渐尖，全缘，有时下部的疏具齿，约与花梗等长或稍长。萼片小，近圆形，具齿。花粉红色至紫红色，平展。外花瓣较宽展，顶端微凹，无鸡冠状突起。距圆筒形，基部稍下弯，约占花瓣全长的 1/3。蜜腺体长，近伸达距末端，大部分与距贴生，末端不变狭。下花瓣近基部渐狭。内花瓣具鸡冠状突起。爪纤细，稍长于瓣片。柱头横向纺锤形，两端各具 1 乳突，上面具沟槽，槽内具极细小的乳突。蒴果线形，下垂，具 1 列种子。种子密生环状小凹点。种阜小，紧贴种子。

分布与生境

产于辽宁（千山）、北京、河北（沙河）、山西、河南、陕西、甘肃、四川、云南、贵州、湖北、江西、安徽、江苏、浙江、福建，生于海拔 400 ~ 1 200 m 的丘陵、沟边或多石地。日本有分布。

经济用途

全草药用，能清热解毒、止痒、收敛、固精、润肺、止咳（《秦岭植物志》）。

123 博落回

学名： *Macleaya cordata* (Willd.) R. Br. **科名：** 罂粟科 **属名：** 博落回属

识别特征

直立草本，基部木质化，具乳黄色浆汁。茎绿色，光滑，多白粉，中空，上部多分枝。叶片宽卵形或近圆形，先端急尖、渐尖、钝或圆形，通常7或9深裂或浅裂，裂片半圆形、方形、三角形或其他，边缘波状、缺刻状、粗齿或多细齿，表面绿色，无毛，背面多白粉，被易脱落的细绒毛，基出脉通常5对，侧脉2对，稀3对，细脉网状，常呈淡红色。叶柄上面具浅沟槽。大型圆锥花序多花，顶生和腋生。苞片狭披针形。花芽棒状，近白色。萼片倒卵状长圆形，舟状，黄白色。花瓣无，雄蕊24 ~ 30，花丝丝状，花药条形，与花丝等长。子房倒卵形至狭倒卵形，先端圆，基部渐狭，花柱柱头2裂，下延于花柱上。蒴果狭倒卵形或倒披针形，先端圆或钝，基部渐狭，无毛。种子4 ~ 6（~ 8）枚，卵珠形，生于缝线两侧，无柄，种皮具排成行的整齐的蜂窝状孔穴，有狭的种阜。花果期6 ~ 11月。

分布与生境

我国长江以南、南岭以北的大部分省区均有分布，南至广东，西至贵州，西北达甘肃南部，生于海拔150 ~ 830 m的丘陵或低山林中、灌丛中或草丛间。日本也产。

经济用途

全草有大毒，不可内服，入药治跌打损伤、关节炎、汗斑、恶疮、蜂螫伤，可用于麻醉镇痛、消肿。作农药可防治稻螟象、稻苞虫、钉螺等。

124 虞美人

学名：*Papaver rhoeas* L.　**科名**：罂粟科　**属名**：罂粟属

识别特征

一年生草本，全体被伸展的刚毛，稀无毛。茎直立，具分枝，被淡黄色刚毛。叶互生，叶片轮廓披针形或狭卵形，羽状分裂，下部全裂，全裂片披针形和二回羽状浅裂，上部深裂或浅裂，裂片披针形，最上部粗齿状羽状浅裂，顶生裂片通常较大，小裂片先端均渐尖，两面被淡黄色刚毛，叶脉在背面突起，在表面略凹。下部叶具柄，上部叶无柄。花单生于茎和分枝顶端。花梗被淡黄色平展的刚毛。花蕾长圆状倒卵形，下垂。萼片2，宽椭圆形，绿色，外面被刚毛。花瓣4，圆形、横向宽椭圆形或宽倒卵形，全缘，稀圆齿状或顶端缺刻状，紫红色，基部通常具深紫色斑点。雄蕊多数，花丝丝状，深紫红色，花药长圆形，黄色。子房倒卵形，无毛，柱头5～18，辐射状，连合成扁平、边缘圆齿状的盘状体。蒴果宽倒卵形，无毛，具不明显的肋。种子多数，肾状长圆形。花果期3～8月。

分布与生境

原产于欧洲，我国各地常见栽培，为观赏植物。

经济用途

花和全株入药，含多种生物碱，有镇咳、止泻、镇痛、镇静等功效。种子含油40%以上。

125 角茴香

学名：*Hypecoum erectum* L. **科名：**罂粟科 **属名：**角茴香属

识别特征

一年生草本，根圆柱形，向下渐狭，具少数细根。花茎多，圆柱形，二歧状分枝。基生叶多数，叶片轮廓倒披针形，多回羽状细裂，裂片线形，先端尖。叶柄细，基部扩大成鞘。茎生叶同基生叶，但较小。二歧聚伞花序多花。苞片钻形。萼片卵形，先端渐尖，全缘。花瓣淡黄色，无毛，外面2枚倒卵形或近楔形，先端宽，3浅裂，中裂片三角形，里面2枚倒三角形，3裂至中部以上，侧裂片较宽，具微缺刻，中裂片狭，匙形，先端近圆形。蒴果长圆柱形，直立，先端渐尖，两侧稍压扁，成熟时分裂成2果瓣。种子多数，近四棱形，两面均具十字形的突起。花果期5～8月。

分布与生境

产于东北、华北和西北等地，生于海拔400～1 200（～4 500）m的山坡草地或河边沙地。蒙古和俄罗斯西伯利亚有分布。

经济用途

全草入药，有清火解热和镇咳功效。治咽喉炎、气管炎、目赤肿痛及伤风感冒。

126 白花菜

学名： *Gynandropsis gynandra* (Linnaeus) Briquet

科名： 白花菜科　**属名：** 白花菜属

识别特征

一年生直立分枝草本，常被腺毛，有时茎上变无毛。无刺。叶为3～7小叶的掌状复叶，小叶倒卵状椭圆形、倒披针形或菱形，顶端渐尖、急尖、钝形或圆形，基部楔形至渐狭延成小叶柄，两面近无毛，边缘有细锯齿或有腺纤毛，中央小叶最大，侧生小叶依次变小。小叶柄在会合处彼此连生成蹼状，无托叶。总状花序，花少数至多数。苞片由3枚小叶组成，有短柄或几无柄。苞萼片分离，披针形、椭圆形或卵形，被腺毛。花瓣白色，少有淡黄色或淡紫色，在花蕾时期不覆盖雄蕊和雌蕊，有爪，瓣片近圆形或阔倒卵形。花盘稍肉质，微扩展，圆锥状，果时不明显。雄蕊6，伸出花冠外。子房线柱形。花柱很短或无花柱，柱头头状。果圆柱形，斜举，种子近扁球形，黑褐色，表面有横向皱纹或更常为具疣状小突起，爪开张，但常近似彼此连生，不具假种皮。花期与果期在7～10月。

分布与生境

广域分布种，在我国自海南岛一直分布到北京附近，从云南一直到台湾，可能原产于古热带，现在全球热带与亚热带都有分布。

经济用途

是低海拔村边、道旁、荒地或田野间常见杂草及药用植物，亚洲、非洲少数地区偶有栽培以供蔬食，亦可腌食。种子碾粉功能似芥末，含油约25%，供药用，有杀头虱、家畜及植物寄生虫之效。种子煎剂内服可驱肠道寄生虫，煎剂外用能疗创伤脓肿。全草入药，味苦辛，微毒，主治下气，煎水洗痔。捣烂敷治风湿痹痛，擂酒饮止疟。制成混敷剂，能疗头痛、局部疼痛及预防化脓累积。因有抗痉挛作用，亦为产科临床用药。

127 甘　蓝

学名： *Brassica oleracea* var. *capitata* Linnaeus　**科名：** 十字花科　**属名：** 芸薹属

识别特征

二年生草本，被粉霜。矮且粗壮，一年生茎肉质，不分枝，绿色或灰绿色。基生叶多数，质厚，层层包裹成球状体，扁球形，乳白色或淡绿色。二年生茎有分枝，具茎生叶。基生叶及下部茎生叶长圆状倒卵形至圆形。顶端圆形，基部骤窄成极短有宽翅的叶柄，边缘有波状不明显锯齿。上部茎生叶卵形或长圆状卵形，基部抱茎。最上部叶长圆形，抱茎。总状花序顶生及腋生。花淡黄色，萼片直立，线状长圆形，花瓣宽椭圆状倒卵形或近圆形，脉纹明显，顶端微缺，基部骤变窄成爪。长角果圆柱形，两侧稍压扁，中脉突出，喙圆锥形。果梗粗，直立开展。种子球形，棕色。花期4月，果期5月。

分布与生境

各地栽培。

经济用途

作蔬菜及饲料用。叶的浓汁用于治疗胃及十二指肠溃疡。

128 芸苔

学名： *Brassica rapa* var. *oleifera* de Candolle **科名：** 十字花科 **属名：** 芸薹属

识别特征

二年生草本，茎粗壮，直立，分枝或不分枝，无毛或近无毛，稍带粉霜。基生叶大头羽裂，顶裂片圆形或卵形，边缘有不整齐弯缺牙齿，侧裂片1至数对，卵形。叶柄宽，基部抱茎。下部茎生叶羽状半裂，基部扩展且抱茎，两面有硬毛及缘毛。上部茎生叶长圆状倒卵形、长圆形或长圆状披针形，基部心形，抱茎，两侧有垂耳，全缘或有波状细齿。总状花序在花期呈伞房状，以后伸长。花鲜黄色。萼片长圆形，直立开展，顶端圆形，边缘透明，稍有毛。花瓣倒卵形，顶端近微缺，基部有爪。长角果线形，果瓣有中脉及网纹，萼直立，种子球形，紫褐色。花期3 ~ 4月，果期5月。

分布与生境

产于陕西、江苏、安徽、浙江、江西、湖北、湖南、四川，甘肃大量栽培。

经济用途

为主要油料植物之一，种子含油量40%左右，油供食用。嫩茎叶和总花梗作蔬菜。种子药用，能行血散结消肿。叶可外敷治痈肿。

129 北美独行菜

学名： *Lepidium virginicum* Linnaeus　**科名：** 十字花科　**属名：** 独行菜属

识别特征

一年或二年生草本，茎单一，直立，上部分枝，具柱状腺毛。基生叶倒披针形，羽状分裂或大头羽裂，裂片大小不等，卵形或长圆形，边缘有锯齿，两面有短伏毛。茎生叶有短柄，倒披针形或线形，顶端急尖，基部渐狭，边缘有尖锯齿或全缘。总状花序顶生。萼片椭圆形。花瓣白色，倒卵形，与萼片等长或稍长。短角果近圆形，扁平，有窄翅，顶端微缺，花柱极短。种子卵形，光滑，红棕色，边缘有窄翅。子叶缘倚胚根。花期 4 ~ 5 月，果期 6 ~ 7 月。

分布与生境

产于山东、河南、安徽、江苏、浙江、福建、湖北、江西、广西。生在田边或荒地，为田间杂草。原产于美洲，欧洲有分布。

经济用途

种子入药，有利水平喘功效，也作葶苈子用。全草可作饲料。

130 独行菜

学名： *Lepidium apetalum* Willd. **科名：** 十字花科 **属名：** 独行菜属

识别特征

一年或二年生草本，茎直立，有分枝，无毛或具微小头状毛。基生叶窄匙形，一回羽状浅裂或深裂。茎上部叶线形，有疏齿或全缘。萼片早落，卵形，外面有柔毛。花瓣不存或退化成丝状，比萼片短。雄蕊 2 或 4。短角果近圆形或宽椭圆形，扁平，顶端微缺，上部有短翅，果梗弧形。种子椭圆形，平滑，棕红色。花果期 5 ～ 7 月。

分布与生境

产于东北、华北、江苏、浙江、安徽、西北、西南。生于海拔 400 ～ 2 000 m 山坡、山沟、路旁及村庄附近。为常见的田间杂草。俄罗斯欧洲部分、亚洲东部及中部均有分布。

经济用途

嫩叶作野菜食用。全草及种子供药用，有利尿、止咳、化痰等功效。种子作葶苈子用，亦可榨油。

131 板蓝根

学名： *Isatis tinctoria* Linnaeus　**科名：** 十字花科　**属名：** 菘蓝属

识别特征

二年生草本，茎直立，茎及基生叶背面带紫红色，上部多分枝，植株被白色柔毛（尤以幼苗为多），稍带白粉霜。基生叶莲座状，长椭圆形至长圆状倒披针形，灰绿色，顶端钝圆，边缘有浅齿，具柄。茎生叶基部耳状多变化，锐尖或钝，半抱茎，叶全缘或有不明显锯齿，叶缘及背面中脉具柔毛。萼片近长圆形。花瓣黄色，宽楔形至宽倒披针形，顶端平截，基部渐狭，具爪。短角果宽楔形，顶端平截，基部楔形，无毛，果梗细长。种子长圆形，淡褐色。花期 4 ~ 5 月，果期 5 ~ 6 月。

分布与生境

原产于欧洲。我国有引种栽培。

经济用途

本种根、叶供药用，有清热解毒、凉血消斑、利咽止痛的功效。叶还可提取蓝色染料。种子榨油，供工业用。

132 菥 蓂

学名： *Thlaspi arvense* L. **科名：** 十字花科 **属名：** 菥蓂属

识别特征

一年生草本，无毛。茎直立，不分枝或分枝，具棱。基生叶倒卵状长圆形，顶端圆钝或急尖，基部抱茎，两侧箭形，边缘具疏齿。总状花序顶生。花白色。花梗细。萼片直立，卵形，顶端圆钝。花瓣长圆状倒卵形，顶端圆钝或微凹。短角果倒卵形或近圆形，扁平，顶端凹入。种子每室 2 ~ 8 个，倒卵形，稍扁平，黄褐色，有同心环状条纹。花期 3 ~ 4 月，果期 5 ~ 6 月。

分布与生境

分布几遍全国。生在平地路旁、沟边或村落附近。亚洲、欧洲、非洲北部也有分布。

经济用途

种子油供制肥皂，也作润滑油，还可食用。全草、嫩苗和种子均入药，全草清热解毒、消肿排脓。种子利肝明目。嫩苗和中益气、利肝明目。嫩苗用水焯后，去除酸辣味，加油盐调食。

133 荠

学名： *Capsella bursa-pastoris* (L.) Medic. **科名：** 十字花科 **属名：** 荠属

识别特征

一年或二年生草本，无毛、有单毛或分叉毛。茎直立，单一或从下部分枝。基生叶丛生，呈莲座状，大头羽状分裂，顶裂片卵形至长圆形，侧裂片 3 ～ 8 对，长圆形至卵形，顶端渐尖，浅裂或有不规则粗锯齿或近全缘。茎生叶窄披针形或披针形，基部箭形，抱茎，边缘有缺刻或锯齿。总状花序顶生及腋生。萼片长圆形。花瓣白色，卵形，有短爪。短角果倒三角形或倒心状三角形，扁平，无毛，顶端微凹，裂瓣具网脉。种子 2 行，长椭圆形，浅褐色。花果期 4 ～ 6 月。

分布与生境

分布几遍全国。全世界温带地区广布。野生，偶有栽培。生于山坡、田边及路旁。

经济用途

全草入药，有利尿、止血、清热、明目、消积等功效。茎叶作蔬菜食用。种子含油 20% ～ 30%，属干性油，供制油漆及肥皂用。

134 葶苈

学名： *Draba nemorosa* L.　**科名：** 十字花科　**属名：** 葶苈属

识别特征

一年或二年生草本。茎直立，单一或分枝，疏生叶片或无叶，但分枝茎有叶片。下部密生单毛、叉状毛和星状毛，上部渐稀至无毛。基生叶莲座状，长倒卵形，顶端稍钝，边缘有疏细齿或近于全缘。茎生叶长卵形或卵形，顶端尖，基部楔形或渐圆，边缘有细齿，无柄，上面被单毛和叉状毛，下面以星状毛为多。总状花序有花 25 ~ 90 朵，密集成伞房状，花后显著伸长，疏松，小花梗细。萼片椭圆形，背面略有毛。花瓣黄色，花期后呈白色，倒楔形，顶端凹。花药短心形。雌蕊椭圆形，密生短单毛，花柱几乎不发育，柱头小。短角果长圆形或长椭圆形，被短单毛。果梗与果序轴成直角开展，或近于直角向上开展。种子椭圆形，褐色，种皮有小疣。花期 3 月至 4 月上旬，果期 5 ~ 6 月。本种在形态上变化较多，有些地区的标本，宽叶变型特大（新疆），有的果实特长（新疆）。有的茎几乎不发育，呈丛生较普遍（青海、西藏）。

分布与生境

分布较广，东北、华北、华东的江苏和浙江，西北、西南的四川及西藏均有分布。生于田边路旁、山坡草地及河谷湿地。北温带其他地区都有分布。

经济用途

《神农本草经》中记载：“亭历，味辛寒。主症瘕积聚、结气……破坚。生平泽及田野。”葶苈以种子入药，味辛、苦，性寒，有泻肺降气、祛痰平喘、利水消肿、泄逐邪等功效。主治痰涎塞肺之喘咳痰多、胸腹积水、慢性肺源性心脏病、心力衰竭之喘肿等病症，食用可利尿、强心。种子含油，可供制皂工业用。

135 光头山碎米荠

学名： *Cardamine engleriana* O. E. Schulz **科名：** 十字花科 **属名：** 碎米荠属

识别特征

多年生草本，有 1 至数条线形根状匍匐茎。茎单一，通常不分枝，有时自根状茎处丛生，直立或仅基部稍倾斜，表面有沟棱，下部有白色柔毛，上部光滑无毛。生于匍匐茎上的叶小，单叶，肾形。边缘波状，质薄，叶柄柔弱。基生叶亦为单叶，肾形，边缘波状。茎生叶无柄，3 小叶，顶生小叶大，肾形、心形或卵形，顶端钝圆，基部心形或阔楔形，通常向叶柄下延，边缘有 3 ～ 7 个波状圆齿，顶端有小尖头，侧生的 1 对小叶着生于顶生小叶的基部，形小，略呈菱状卵形，有时肾形，边缘具波状钝齿。全部小叶无毛。总状花序有花 3 ～ 10 朵，花梗细。萼片卵形，边缘膜质，内轮萼片基部呈囊状。花瓣白色，倒卵状楔形。雌蕊柱状，花柱细，与子房近于等长，柱头头状，比花柱宽大。长角果稍扁平，无毛。果梗纤细，直立或微弯。种子长圆形，稍扁平，黄褐色，一端有窄翅。花期 4 ～ 6 月，果期 6 ～ 7 月。

分布与生境

产于湖北（兴山、神农架）、湖南（桑植）、陕西（太白山、长安、石泉）、甘肃（康县、徽县、天水、武都）、四川（巫山）。生于山坡林下阴处或山谷沟边、路旁潮湿地方，海拔 800 ～ 2 400 m。

经济用途

具有清热利湿、缓解筋骨疼痛的功效。

136 弹裂碎米荠

学名：*Cardamine impatiens* Linnaeus　**科名：**十字花科　**属名：**碎米荠属

识别特征

二年或一年生草木，茎直立，不分枝或有时上部分枝，表面有沟棱，有少数短柔毛或无毛，着生多数羽状复叶。基生叶叶柄两缘通常有短柔毛，基部稍扩大，有1对托叶状耳，小叶2～8对，顶生小叶卵形，边缘有不整齐钝齿状浅裂，基部楔形，小叶柄显著，侧生小叶与顶生的相似，自上而下渐小，通常生于最下的1～2对近于披针形，全缘，都有显著的小叶柄。茎生叶有柄，基部也有抱茎线形弯曲的耳，顶端渐尖，缘毛显著，小叶5～8对，顶生小叶卵形或卵状披针形，侧生小叶与之相似，但较小。最上部的茎生叶小叶片较狭，边缘少齿裂或近于全缘。全部小叶散生短柔毛，有时无毛，边缘均有缘毛。总状花序顶生和腋生，花多数，形小，果期花序极延长，花梗纤细。萼片长椭圆形。花瓣白色，狭长椭圆形，基部稍狭。雌蕊柱状，无毛，花柱极短，柱头较花柱稍宽。长角果狭条形而扁。果瓣无毛，成熟时自下而上弹性开裂。果梗直立开展或水平开展，无毛。种子椭圆形，边缘有极狭的翅。花期4～6月，果期5～7月。

分布与生境

产于吉林、辽宁、山西、山东、河南、安徽、江苏，浙江、湖北、江西、广西、陕西、甘肃、新疆、四川、贵州、云南、西藏等省（区）。生于路旁、山坡、沟谷、水边或阴湿地，海拔150～3 500 m均有生长。朝鲜、日本、俄罗斯及欧洲均有分布。

经济用途

全草可供药用，民间治妇女经血不调。种子可榨油，含油率36%。

137 弯曲碎米荠

学名：*Cardamine flexuosa* With. **科名：**十字花科 **属名：**碎米荠属

识别特征

一年或二年生草本，茎自基部多分枝，斜升呈铺散状，表面疏生柔毛。基生叶有叶柄，小叶 3 ~ 7 对，顶生小叶卵形、倒卵形或长圆形，顶端 3 齿裂，基部宽楔形，有小叶柄，侧生小叶卵形，较顶生的形小，1 ~ 3 齿裂，有小叶柄。茎生叶有小叶 3 ~ 5 对，小叶多为长卵形或线形，1 ~ 3 裂或全缘，小叶柄有或无，全部小叶近于无毛。总状花序多数，生于枝顶，花小，花梗纤细。萼片长椭圆形，边缘膜质。花瓣白色，倒卵状楔形。花丝不扩大。雌蕊柱状，花柱极短，柱头扁球状。长角果线形，扁平，与果序轴近于平行排列，果序轴左右弯曲，果梗直立开展。种子长圆形而扁，黄绿色，顶端有极窄的翅。花期 3 ~ 5 月，果期 4 ~ 6 月。

分布与生境

分布几遍全国。生于田边、路旁及草地。朝鲜、日本、俄罗斯、欧洲、北美洲均有分布。

经济用途

全草入药，能清热、利湿、健胃、止泻。

138 垂果南芥

学名： *Catolobus pendulus* (L.) Al-Shehbaz **科名：** 十字花科 **属名：** 垂果南芥属

识别特征

二年生草本，全株被硬单毛、杂有 2 ~ 3 叉毛。主根圆锥状，黄白色。茎直立，上部有分枝。茎下部的叶长椭圆形至倒卵形，顶端渐尖，边缘有浅锯齿，基部渐狭而成叶柄。茎上部的叶狭长椭圆形至披针形，较下部的叶略小，基部呈心形或箭形，抱茎，上面黄绿色至绿色。总状花序顶生或腋生，有花十几朵。萼片椭圆形，背面被有单毛、2 ~ 3 叉毛及星状毛，花蕾期更密。花瓣白色，匙形。长角果线形，弧曲，下垂。种子每室 1 行，种子椭圆形，褐色，边缘有环状的翅。花期 6 ~ 9 月，果期 7 ~ 10 月。

分布与生境

产于黑龙江、吉林、辽宁、内蒙古、河北、山西、湖北、陕西、甘肃、青海、新疆、四川、贵州、云南、西藏。生于山坡、路旁、河边草丛中及高山灌木林下和荒漠地区，海拔 1 500 ~ 3 600 m。亚洲北部和东部也有分布。

经济用途

味辛、性平，具有清热解毒、消肿的功效。垂果南芥富含粗蛋白质和灰分，而且粗纤维含量低，适口性较好，为牲畜较喜食物。

139 硬毛南芥

学名： *Arabis hirsuta* (L.) Scop.　**科名：** 十字花科　**属名：** 南芥属

识别特征

一年生或二年生草本，全株被有硬单毛、2 ~ 3 叉毛、星状毛及分枝毛。茎常中部分枝，直立。基生叶长椭圆形或匙形，顶端钝圆，边缘全缘或呈浅疏齿，基部楔形。茎生叶多数，常贴茎，叶片长椭圆形或卵状披针形，顶端钝圆，边缘具浅疏齿，基部心形或呈钝形叶耳，抱茎或半抱茎。总状花序顶生或腋生，花多数。萼片长椭圆形，顶端锐尖，背面无毛。花瓣白色，长椭圆形，顶端钝圆，基部呈爪状。花柱短，柱头扁平。长角果线形，直立，紧贴果序轴，果瓣具纤细中脉。果梗直立。种子卵形，表面有不明显颗粒状突起，边缘具窄翅，褐色。花期 5 ~ 7 月，果期 6 ~ 7 月。

分布与生境

产于黑龙江、吉林、辽宁、内蒙古、河北、山西、山东、河南、安徽、湖北、陕西、甘肃、宁夏、青海、新疆、四川、云南、西藏。生于草原、干燥山坡及路边草丛中，海拔 1 500 ~ 4 000 m。亚洲北部和东部地区、欧洲及北美也有分布。

经济用途

全草能缓急解毒、退热。

140 鼠耳芥

学名： *Arabidopsis thaliana* (L.) Heynh. **科名：** 十字花科 **属名：** 拟南芥属

识别特征

一年生细弱草本，被单毛与分枝毛。茎不分枝或自中上部分枝，下部有时为淡紫白色，茎上常有纵槽，上部无毛，下部被单毛，偶杂有 2 叉毛。基生叶莲座状，倒卵形或匙形，长顶端钝圆或略急尖，基部渐窄成柄，边缘有少数不明显的齿，两面均有 2 ~ 3 叉毛。茎生叶无柄，披针形、条形、长圆形或椭圆形。花序为疏松的总状花序。萼片长圆卵形，顶端钝，外轮的基部呈囊状，外面无毛或有少数单毛。花瓣白色，长圆条形，先端钝圆，基部线形。角果果瓣两端钝或钝圆，有 1 中脉与稀疏的网状脉，多为橘黄色或淡紫色。果梗伸展。种子每室 1 行，种子卵形、小、红褐色。花期 4 ~ 6 月。

分布与生境

产于华东、中南、西北及西部各省区。生于平地、山坡、河边、路边。朝鲜、日本、俄罗斯西伯利亚和中亚、印度、伊朗、欧洲、非洲和北美洲均有分布。

经济用途

鼠耳芥是进行遗传学研究的好材料，被科学家誉为“植物中的果蝇”。

141 蔊 菜

学名： *Rorippa indica* (L.) Hiern **科名：** 十字花科 **属名：** 蔊菜属

识别特征

一、二年生直立草本，植株较粗壮，无毛或具疏毛。茎单一或分枝，表面具纵沟。叶互生，基生叶及茎下部叶具长柄，叶形多变化，通常大头羽状分裂，顶端裂片大，卵状披针形，边缘具不整齐牙齿，侧裂片1 ~ 5对。茎上部叶片宽披针形或匙形，边缘具疏齿，具短柄或基部耳状抱茎。总状花序顶生或侧生，花小，多数，具细花梗。萼片4，卵状长圆形。花瓣4，黄色，匙形，基部渐狭成短爪，与萼片近等长。雄蕊6，2枚稍短。长角果线状圆柱形，短而粗，直立或稍内弯，成熟时果瓣隆起。果梗纤细，斜升或近水平开展。种子每室2行，多数，细小，卵圆形而扁，一端微凹，表面褐色，具细网纹。子叶缘倚胚根。花期4 ~ 6月，果期6 ~ 8月。

分布与生境

产于山东、河南、江苏、浙江、福建、台湾、湖南、江西、广东、陕西、甘肃、四川、云南。生于路旁、田边、园圃、河边、屋边墙脚及山坡路旁等较潮湿处，海拔230 ~ 1 450 m。日本、朝鲜、菲律宾、印度尼西亚、印度等也有分布。

经济用途

全草入药，内服有解表健胃、止咳化痰、平喘、清热解毒、散热消肿等功效。外用治痈肿疮毒及烫火伤。

142 广东焯菜

学名： *Rorippa cantoniensis* (Lour.) Ohwi **科名：** 十字花科 **属名：** 焯菜属

识别特征

一或二年生草本。高 10 ~ 30 cm，植株无毛；茎直立或呈铺散状分枝。基生叶具柄，基部扩大贴茎，叶片羽状深裂或浅裂，长 4 ~ 7 cm，宽 1 ~ 2 cm，裂片 4 ~ 6，边缘具 2 ~ 3 缺刻状齿，顶端裂片较大；茎生叶渐缩小，无柄，基部呈短耳状，抱茎，叶片倒卵状长圆形或匙形，边缘常呈不规则齿裂，向上渐小。总状花序顶生，花黄色，近无柄，每花生于叶状苞片腋部；萼片 4，宽披针形，长 1.5 ~ 2 mm，宽约 1 mm；花瓣 4，倒卵形，基部渐狭成爪，稍长于萼片；雄蕊 6，近等长，花丝线形。短角果圆柱形，长 6 ~ 8 mm，宽 1.5 ~ 2 mm，柱头短，头状。种子极多数，细小，扁卵形，红褐色，表面具网纹，一端凹缺；子叶缘倚胚根。花期 3 ~ 4 月，果期 4 ~ 6 月（有时秋季也有开花结实的）。

分布与生境

产于辽宁、河北、山东、河南、安徽、江苏、浙江、福建、台湾、湖北、湖南、江西、广东、广西、陕西、四川、云南。生于田边路旁、山沟、河边或潮湿地，海拔 500 ~ 1 800 m。朝鲜、俄罗斯、日本、越南也有分布。

经济用途

全草入药，内服有解表健胃、止咳化痰、平喘、清热解毒、散热消肿等功效。

143 球果蔊菜

学名： *Rorippa globosa* (Turcz.) Hayek　**科名：** 十字花科　**属名：** 蔊菜属

识别特征

一或二年生直立粗壮草本，植株被白色硬毛或近无毛。茎单一，基部木质化，下部被白色长毛，上部近无毛，分枝或不分枝。茎下部叶具柄，上部叶无柄，叶片长圆形至倒卵状披针形，基部渐狭，下延成短耳状而半抱茎，边缘具不整齐粗齿，两面被疏毛，尤以叶脉为显。总状花序多数，呈圆锥花序式排列，果期伸长。花小，黄色，具细梗。萼片 4，长卵形，开展，基部等大，边缘膜质。花瓣 4，倒卵形，与萼片等长或稍短，基部渐狭成短爪。雄蕊 6，4 强或近于等长。短角果实近球形，果瓣隆起，平滑无毛，有不明显网纹，顶端具宿存短花柱。果梗纤细，呈水平开展或稍向下弯。种子多数，淡褐色，极细小，扁卵形，一端微凹。子叶缘倚胚根。花期 4 ~ 6 月，果期 7 ~ 9 月。主要特征是果实近球形，具有 2 果瓣。

分布与生境

产于黑龙江、吉林、江宁、河北、山西、山东、安徽、江苏、浙江、湖北、湖南、江西、广东、广西、云南。生于河岸、湿地、路旁、沟边或草丛中，也生于干旱处，海拔 30 ~ 2 500 m 均有分布。俄罗斯亦产。

经济用途

植株质地细嫩，类似荠菜的风味，具清热利尿、解毒的功效，进行人工驯化栽培，食用部分为幼苗及嫩株。食用时，可用沸水焯后炒食或凉拌，亦可配其他荤素菜一起炒食。

144 沼生蔊菜

学名：*Rorippa palustris* (Linnaeus) Besser **科名：**十字花科 **属名：**蔊菜属

识别特征

一或二年生草本，光滑无毛或稀有单毛。茎直立，单一或分枝，下部常带紫色，具棱。基生叶多数，具柄。叶片羽状深裂或大头羽裂，长圆形至狭长圆形，裂片 3 ~ 7 对，边缘不规则浅裂或呈深波状，顶端裂片较大，基部耳状抱茎，有时有缘毛。茎生叶向上渐小，近无柄，叶片羽状深裂或具齿，基部耳状抱茎。总状花序顶生或腋生，果期伸长，花小，多数，黄色或淡黄色，具纤细花梗。萼片长椭圆形。花瓣长倒卵形至楔形，等于或稍短于萼片。雄蕊 6，近等长，花丝线状。短角果椭圆形或近圆柱形，有时稍弯曲，果瓣肿胀。种子每室 2 行，多数，褐色，细小，近卵形而扁，一端微凹，表面具细网纹。子叶缘倚胚根。花期 4 ~ 7 月，果期 6 ~ 8 月。

分布与生境

产于黑龙江、吉林、辽宁、内蒙古、河北、山西、山东、河南、安徽、江苏、湖南、陕西、甘肃、青海、新疆、贵州、云南。生于潮湿环境或近水处、溪岸、路旁、田边、山坡草地及草场上。北半球温暖地区皆有分布。本种是广布种，随环境和地区不同在叶形和果实大小幅度上变化较大，如辽宁、吉林及新疆的部分植株果实很小。

经济用途

苗叶可食用，全草入药，因其味辛、性凉，故而可用于清热利尿、解毒消肿，也可用于治疗水肿、黄疸、烫伤、咽痛等。

145 涩 芥

学名： *Strigosella africana* (Linnaeus) Botschantzev **科名：** 十字花科 **属名：** 涩芥属

识别特征

二年生草本植物。高 8 ~ 35 cm，密生单毛或叉状硬毛。茎直立或近直立，多分枝。有棱角。叶长圆形，先端圆钝，基部楔形，具波状齿或全缘，具柄或无柄。总状花序顶生，疏松排列，果期伸长；萼片长圆形；花瓣紫色或粉红色，具长爪。长角果线状圆柱形或近圆柱形，倾斜、直立或稍弯曲，密生短或长分叉毛，或二者间生，或具刚毛，柱头圆锥状；果梗加粗，短。种子长圆形，浅棕色。花果期 6 ~ 8 月。

分布与生境

分布于中国河北、山西、河南、安徽、江苏、陕西、甘肃、宁夏、青海、新疆、四川等省（区），亚洲、欧洲、非洲等国家亦有分布，常生在路边荒地或田间。其喜光照充足、温暖凉爽的环境气候，较耐寒，适宜在微酸或微碱性土壤上生长。

经济用途

植株低矮，具有较强的生态适应性和抗逆性，能迅速覆盖地面，并很快开花，开花时花量大，具有丰富多变的色彩。涩芥小花还有淡淡的清香，盛花时香飘可达数里，可布置于岩石园、花境前沿和花坛中，还可作切花使用。因其开花前营养丰富，适口性较好，可作饲料供牲畜采食。

146 花旗杆

学名： *Dontostemon dentatus* (Bunge) Lédeb. **科名：** 十字花科 **属名：** 花旗杆属

识别特征

二年生草本，植株散生白色弯曲柔毛。茎单一或分枝，基部常带紫色。叶椭圆状披针形，两面稍具毛。总状花序生枝顶。萼片椭圆形，具白色膜质边缘，背面稍被毛。花瓣淡紫色，倒卵形，顶端钝，基部具爪。长角果长圆柱形，光滑无毛，宿存花柱短，顶端微凹。种子棕色，长椭圆形，具膜质边缘。子叶斜缘倚胚根。花期 5 ~ 7 月，果期 7 ~ 8 月。

分布与生境

产于黑龙江、吉林、辽宁、河北、山西、山东、河南、安徽、江苏、陕西。多生于石砾质山地、岩石隙间、山坡、林边及路旁，海拔 870 ~ 1 900 m。朝鲜、日本、俄罗斯也有分布。

经济用途

用于治疗痰饮、咳喘、脘腹胀满、肺痈。

147 小花糖芥

学名：*Erysimum cheiranthoides* L. **科名：**十字花科 **属名：**糖芥属

识别特征

一年生草本，茎直立，分枝或不分枝，有棱角，具 2 叉毛。基生叶莲座状，无柄，平铺地面，叶片有 2 ～ 3 叉毛。茎生叶披针形或线形，顶端急尖，基部楔形，边缘具深波状疏齿或近全缘，两面具 3 叉毛。总状花序顶生。萼片长圆形或线形，外面有 3 叉毛。花瓣浅黄色，长圆形，顶端圆形或截形，下部具爪。长角果圆柱形，侧扁，稍有棱，具 3 叉毛。果瓣有 1 条不明显中脉。花柱柱头头状。果梗粗。种子每室 1 行，种子卵形，淡褐色。花期 5 月，果期 6 月。

分布与生境

产于吉林、辽宁、内蒙古、河北、山西、山东、河南、安徽、江苏、湖北、湖南、陕西、甘肃、宁夏、新疆、四川、云南。生于海拔 500 ～ 2 000 m 的山坡、山谷、路旁及村旁荒地。蒙古、朝鲜、欧洲、非洲及美国均有分布。

经济用途

有的地区用其种子充葶苈子作药用。

148 播娘蒿

学名： *Descurainia sophia* (L.) Webb ex Prantl **科名：** 十字花科 **属名：** 播娘蒿属

识别特征

一年生草本，有毛或无毛，毛为叉状毛，以下部茎生叶为多，向上渐少。茎直立，分枝多，常于下部呈淡紫色。叶为3回羽状深裂，末端裂片条形或长圆形，下部叶具柄，上部叶无柄。花序伞房状，果期伸长。萼片直立，早落，长圆条形，背面有分叉细柔毛。花瓣黄色，长圆状倒卵形，或稍短于萼片，具爪。雄蕊6枚，比花瓣长1/3。长角果圆筒状，无毛，稍内曲，与果梗不成一条直线，果瓣中脉明显。种子每室1行，种子形小，多数，长圆形，稍扁，淡红褐色，表面有细网纹。花期4 ~ 5月。

分布与生境

除华南外全国各地均产。生于山坡、田野及农田。亚洲、欧洲、非洲及北美洲均有分布。

经济用途

种子含油40%，油工业用，也可食用。种子可药用，有利尿消肿、祛痰定喘的功效。

149 轮叶八宝

学名： *Hylotelephium verticillatum* (L.) H. Ohba **科名：** 景天科 **属名：** 八宝属

识别特征

多年生草本，须根细。茎直立，不分枝。4 叶少有 5 叶轮生，下部常为 3 叶轮生或对生，叶比节间长，长圆状披针形至卵状披针形，先端急尖，钝，基部楔形，边缘有整齐的疏牙齿，叶下面常带苍白色，叶有柄。聚伞状伞房花序顶生。花密生，顶半圆球形。苞片卵形。萼片 5，三角状卵形，基部稍合生。花瓣 5，淡绿色至黄白色，长圆状椭圆形，先端急尖，基部渐狭，分离。雄蕊 10，对萼的较花瓣稍长，对瓣的稍短。鳞片 5，线状楔形，先端有微缺。心皮 5，倒卵形至长圆形，有短柄，花柱短。种子狭长圆形，淡褐色。花期 7 ~ 8 月，果期 9 月。

分布与生境

产于四川、湖北、安徽、江苏、浙江、甘肃、陕西、河南、山东、山西、河北、辽宁、吉林。生于海拔 900 ~ 2 900 m 的山坡草丛中或沟边阴湿处。朝鲜、日本、俄罗斯也有。

经济用途

药用，全草外敷，可止痛止血（湖北西部）。

150 八 宝

学名： *Hylotelephium erythrostictum* (Miq.) H. Ohba

科名： 景天科 **属名：** 八宝属

识别特征

多年生草本。块根胡萝卜状。茎直立，不分枝。叶对生，少有互生或3叶轮生，长圆形至卵状长圆形，先端急尖，钝，基部渐狭，边缘有疏锯齿，无柄。伞房状花序顶生。花密生，花梗稍短或同长。萼片5，卵形。花瓣5，白色或粉红色，宽披针形，渐尖。雄蕊10，与花瓣同长或稍短，花药紫色。鳞片5，长圆状楔形，先端有微缺。心皮5，直立，基部几分离。花期8～10月。

分布与生境

产于云南、贵州、四川、湖北、安徽、浙江、江苏、陕西、河南、山东、山西、河北、辽宁、吉林、黑龙江。生于海拔450～1 800 m的山坡草地或沟边。朝鲜、日本、俄罗斯也有。

经济用途

全草药用，有清热解毒、散瘀消肿之效。治喉炎、热疖及跌打损伤。栽培容易，北京住户喜在室内栽培。花浅红白色，作观赏用。

151 小山飘风

学名：*Sedum filipes* Hemsl.　**科名：**景天科　**属名：**景天属

识别特征

一年生或二年生草本，全株无毛。花茎常分枝，直立或上升。叶对生，或 3 ～ 4 叶轮生，宽卵形至近圆形，先端圆，基部有距，全缘。伞房状花序顶生及上部腋生。萼片 5，披针状三角形，钝。花瓣 5，淡红紫色，卵状长圆形，先端钝。雄蕊 10。鳞片 5，匙形，微小，先端有微缺。心皮 5，披针形，近直立。蓇葖有种子 3 ～ 4 粒。种子倒卵形，棕色。花期 8 月至 10 月初，果期 10 月。

分布与生境

产于云南、四川、湖北、浙江、江苏、陕西、河南。生于海拔 800 ～ 2 000 m 的山坡林下。

经济用途

含有生物碱、谷甾醇、黄酮类、景天庚酮糖、果糖、蔗糖和有机酸等药用成分。这些药物成分通过防止血管硬化、降血脂、扩张脑血管、改善冠状动脉循环等途径，达到降血压、防卒中、防心脏病的效果。

152 繁缕景天

学名：*Sedum stellariifolium* Franch.　**科名：**景天科　**属名：**景天属

识别特征

一年生或二年生草本。植株被腺毛。茎直立，有多数斜上的分枝，基部呈木质，褐色，被腺毛。叶互生，正三角形或三角状宽卵形，先端急尖，基部宽楔形至截形，入于叶柄，全缘。总状聚伞花序。花顶生，萼片5，披针形至长圆形，先端渐尖。花瓣5，黄色，披针状长圆形，先端渐尖。雄蕊10，较花瓣短。鳞片5，宽匙形至宽楔形，先端有微缺。心皮5，近直立，长圆形，花柱短。蓇葖下部合生，上部略叉开。种子长圆状卵形，有纵纹，褐色。花期6～7月（湖北及以南）至7～8月（华北及西南高山），果期8～9月。

分布与生境

产于云南西北部（海拔2 400～3 400 m）、贵州（2 200 m）、四川（700～1 800 m）、湖北（500～800 m）、湖南西部、甘肃（800～900 m）、陕西（400～1 800 m）、河南、山东、山西（1 200～2 200 m）、河北（400～1 300 m）、辽宁、台湾。生于上坡或山谷土上或石缝中。

经济用途

含有多种营养成分，如蛋白质、脂肪、大量元素、微量元素、维生素、氨基酸等。作为野生蔬菜，味道鲜美，独具风味。景天中含有生物碱、谷甾醇、黄酮类、景天庚酮糖、果糖、蔗糖和有机酸等药用成分。这些药物成分通过防止血管硬化、降血脂、扩张脑血管、改善冠状动脉循环等途径，达到降血压、防卒中、防心脏病的效果。

153 珠芽景天

学名：*Sedum bulbiferum* Makino　**科名：**景天科　**属名：**景天属

识别特征

多年生草本，根须状，茎下部常横卧。叶腋常有圆球形、肉质、小型珠芽着生。基部叶常对生，上部的互生，下部叶卵状匙形，上部叶匙状倒披针形，先端钝，基部渐狭。花序聚伞状，分枝3，常再二歧分枝。萼片5，披针形至倒披针形，有短距，先端钝。花瓣5，黄色，披针形，先端有短尖。雄蕊10。心皮5，略叉开。花期4～5月。

分布与生境

产于广西、广东、福建、四川、湖北、湖南、江西、安徽、浙江、江苏。生于海拔1 000 m以下低山、平地树荫下。

经济用途

珠芽景天中钾含量298.94 μg/g，有助于预防和治疗高血压。

154 草绣球

学名： *Cardiandra moellendorffii* (Hance) Migo **科名：** 绣球花科 **属名：** 草绣球属

识别特征

亚灌木，茎单生，干后淡褐色，稍具纵条纹。叶通常单片、分散互生于茎上，纸质，椭圆形或倒长卵形，先端渐尖或短渐尖，具短尖头，基部沿叶柄两侧下延成楔形，边缘有粗长牙齿状锯齿，上面被短糙伏毛，下面疏被短柔毛或仅脉上有疏毛。侧脉 7 ~ 9 对，弯拱，下面微凸，小脉纤细，稀疏网状，下面明显。叶柄茎上部的渐短或几乎无柄。伞房状聚伞花序顶生，苞片和小苞片线形或狭披针形，宿存。不育花萼片 2 ~ 3，较小，近等大，阔卵形至近圆形，先端圆或略尖，基部近截平，膜质，白色或粉红色。孕性花萼筒杯状，萼齿阔卵形，先端钝。花瓣阔椭圆形至近圆形，淡红色或白色。雄蕊 15 ~ 25 枚，稍短于花瓣。子房近下位，3 室，花柱 3。蒴果近球形或卵球形。种子棕褐色，长圆形或椭圆形，扁平，两端的翅颜色较深，与种子同色，不透明。花期 7 ~ 8 月，果期 9 ~ 10 月。

分布与生境

产于安徽、浙江、江西和福建。生于山谷密林或山坡疏林下，海拔 700 ~ 1 500 m。

经济用途

《全国中草药汇编》中记载，草绣球“味苦，微温”，有活血祛瘀等功效，可用于治疗跌打损伤。其花大色美，在园林中可配置于稀疏的树荫下及林荫道旁，片植于阴向山坡，也可用作阳光较差的小面积庭院中，还可作建筑物入口处对植两株，或沿建筑物列植一排，亦可植于花篱，是长江流域著名的观赏植物。

155 大落新妇

学名：*Astilbe grandis* Stapf ex Wils. **科名：**虎耳草科 **属名：**落新妇属

识别特征

多年生草本，根状茎粗壮。茎通常不分枝，被褐色长柔毛和腺毛。二至三回三出复叶至羽状复叶。叶轴与小叶柄均多少被腺毛，叶腋近旁具长柔毛。小叶片卵形、狭卵形至长圆形，顶生者有时为菱状椭圆形，先端短渐尖至渐尖，边缘有重锯齿，基部心形、偏斜圆形至楔形，腹面被糙伏腺毛，背面沿脉生短腺毛，有时亦杂有长柔毛。圆锥花序顶生，通常塔形。花序轴与花梗均被腺毛。小苞片狭卵形，全缘或具齿。萼片 5，卵形、阔卵形至椭圆形，先端钝或微凹且具微腺毛，边缘膜质，两面无毛。花瓣 5，白色或紫色，线形，先端急尖，单脉。雄蕊 10。心皮 2，仅基部合生，子房半下位，花柱稍叉开。花果期 6 ~ 9 月。

分布与生境

产于黑龙江、吉林、辽宁、山西、山东、安徽、浙江、江西、福建、广东、广西、四川、贵州等省（区）。生于海拔 450 ~ 2 000 m 的林下、灌丛或沟谷阴湿处。朝鲜也有。

经济用途

根与根状茎含白菜素。根状茎入药，治筋骨酸痛等症。

156 绣　球

学名：*Hydrangea macrophylla* (Thunb.) Ser.　**科名：**绣球花科　**属名：**绣球属

识别特征

灌木，茎常于基部发出多数放射枝而形成一圆形灌丛。枝圆柱形，粗壮，紫灰色至淡灰色，无毛，具少数长形皮孔。叶纸质或近革质，倒卵形或阔椭圆形，先端骤尖，具短尖头，基部钝圆或阔楔形，边缘于基部以上具粗齿，两面无毛或仅下面中脉两侧被稀疏卷曲短柔毛，脉腋间常具少许髯毛。侧脉 6 ~ 8 对，直，向上斜举或上部近边缘处微弯拱，上面平坦，下面微凸，小脉网状，两面明显。叶柄粗壮，无毛。伞房状聚伞花序近球形，具短的总花梗，分枝粗壮，近等长，密被紧贴短柔毛，花密集，多数不育。不育花萼片 4，近圆形或阔卵形，粉红色、淡蓝色或白色。孕性花极少数，具花梗。萼筒倒圆锥状，与花梗疏被卷曲短柔毛，萼齿卵状三角形。花瓣长圆形。雄蕊 10 枚，近等长，不突出或稍突出，花药长圆形。子房大半下位，花柱 3，柱头稍扩大，半环状。蒴果未成熟，长陀螺状。花期 6 ~ 8 月。

分布与生境

产于山东、江苏、安徽、浙江、福建、河南、湖北、湖南、广东及其沿海岛屿、广西、四川、贵州、云南等省（区）。野生或栽培。生于山谷溪旁或山顶疏林中，海拔 380 ~ 1 700 m。

经济用途

本种花和叶含八仙花苷（hydrangenal glucoside），水解后产生八仙花醇，有清热抗疟作用，也可治心脏病。

157 蜡莲绣球

学名： *Hydrangea strigosa* Rehd. **科名：** 绣球花科 **属名：** 绣球属

识别特征

灌木，小枝圆柱形或微具四钝棱，灰褐色，密被糙伏毛，无皮孔，老后色较淡，树皮常呈薄片状剥落。叶纸质，长圆形、卵状披针形或倒卵状倒披针形，先端渐尖，基部楔形、钝或圆形，边缘有具硬尖头的小齿或小锯齿，干后上面黑褐色，被稀疏糙伏毛或近无毛，下面灰棕色，新鲜时有时呈淡紫红色或淡红色，密被灰棕色颗粒状腺体和灰白色糙伏毛，脉上的毛更密。中脉粗壮，上面平坦，下面隆起，侧脉 7 ~ 10 对，弯拱，沿边缘长延伸，上面平坦，下面凸起，小脉网状，下面微凸。叶柄被糙伏毛。伞房状聚伞花序大，顶端稍拱，分枝扩展，密被灰白色糙伏毛。不育花萼片 4 ~ 5，阔卵形、阔椭圆形或近圆形，先端钝头渐尖或近截平，基部具爪，边全缘或具数齿，白色或淡紫红色。孕性花淡紫红色，萼筒钟状，萼齿三角形。花瓣长卵形，初时顶端稍连合，后分离，早落。子房下位，花柱 2，近棒状，直立或外弯。蒴果坛状，顶端截平，基部圆。种子褐色，阔椭圆形，具纵脉纹，先端的翅宽而扁平，基部的收狭呈短柄状。花期 7 ~ 8 月，果期 11 ~ 12 月。

分布与生境

产于陕西（洋县）、四川、云南、贵州、湖北和湖南。生于山谷密林或山坡路旁疏林或灌丛中，海拔 500 ~ 1 800 m。

经济用途

是优良且珍贵的园林花卉，可配置于公园、花坛、花园和庭院等。

158 宁波溲疏

学名： *Deutzia ningpoensis* Rehd.　**科名：** 绣球花科　**属名：** 溲疏属

识别特征

灌木，老枝灰褐色，无毛，表皮常脱落。花枝具6叶，红褐色，被星状毛。叶厚纸质，卵状长圆形或卵状披针形，先端渐尖或急尖，基部圆形或阔楔形，边缘具疏离锯齿或近全缘，上面绿色，疏被4 ~ 7辐线星状毛，下面灰白色或灰绿色，密被12 ~ 15辐线星状毛，稀具中央长辐线，毛被连续覆盖，侧脉每边5 ~ 6条。花枝上叶柄被星状毛。聚伞状圆锥花序，多花，疏被星状毛。花蕾长圆形。萼筒杯状，裂片卵形或三角形，与萼筒均密被10 ~ 15辐线星状毛。花瓣白色，长圆形，先端急尖，中部以下渐狭，外面被星状毛，花蕾时内向镊合状排列。花丝先端2短齿，齿平展，长不达花药，花药球形，具短柄，从花丝裂齿间伸出。花柱3 ~ 4，柱头稍弯。蒴果半球形，密被星状毛。花期5 ~ 7月，果期9 ~ 10月。

分布与生境

产于陕西、安徽、湖北、江西、福建、浙江。生于海拔500 ~ 800 m的山谷或山坡林中。

经济用途

有清热利尿、补肾截疟、解毒等功效。可用于治疗感冒发热、疥疮等。其花朵洁白素雅，可用于草坪、路边、山坡及林缘绿化，花枝还可插瓶观赏。可作为山坡地水土保持树种。

163 蚊母树

学名：*Distylium racemosum* Siebold & Zucc. **科名：**金缕梅科 **属名：**蚊母树属

识别特征

常绿灌木或中乔木，嫩枝有鳞垢，老枝秃净，干后暗褐色。芽体裸露无鳞状苞片，被鳞垢。叶革质，椭圆形或倒卵状椭圆形，先端钝或略尖，基部阔楔形，上面深绿色，发亮，下面初时有鳞垢，以后变秃净，侧脉 5 ~ 6 对，在上面不明显，在下面稍突起，网脉在上下两面均不明显，边缘无锯齿。叶柄略有鳞垢。托叶细小，早落。总状花序，花序轴无毛，总苞 2 ~ 3 片，卵形，有鳞垢。苞片披针形，花雌雄同在一个花序上，雌花位于花序的顶端。萼筒短，萼齿大小不相等，被鳞垢。雄蕊 5 ~ 6 个，红色。子房有星状绒毛。蒴果卵圆形，先端尖，外面有褐色星状绒毛，上半部两片裂开，每片 2 浅裂，不具宿存萼筒，果梗短。种子卵圆形，深褐色、发亮，种脐白色。

分布与生境

分布于福建、浙江、台湾、广东、海南，亦见于朝鲜及日本。

经济用途

对烟尘及多种有毒气体抗性很强，能适应城市环境。树皮内含鞣质，可制栲胶；木材坚硬，可作家具、车辆等用材，对二氧化硫及氯气有很强的抵抗力。

164 二球悬铃木

学名：*Platanus acerifolia* (Aiton) Willd. **科名：**悬铃木科 **属名：**悬铃木属

识别特征

落叶大乔木，树皮光滑，大片块状脱落。嫩枝密生灰黄色绒毛。老枝秃净，红褐色。叶阔卵形，上下两面嫩时有灰黄色毛被，下面的毛被更厚而密，以后变秃净，仅在背脉腋内有毛。基部截形或微心形，上部掌状 5 裂，有时 7 裂或 3 裂。中央裂片阔三角形，宽度与长度约相等。裂片全缘或有 1 ～ 2 个粗大锯齿。掌状脉 3 条，稀为 5 条，常离基部数毫米，或为基出。叶柄密生黄褐色毛被。托叶中等大，基部鞘状，上部开裂。花通常 4 数。雄花的萼片卵形，被毛。花瓣矩圆形，长为萼片的 2 倍。雄蕊比花瓣长，盾形药隔有毛。果枝有头状果序 1 ～ 2 个，稀为 3 个，常下垂。

分布与生境

本种是三球悬铃木 P. orientalis 与一球悬铃木 P. occidentalis 的杂交种，久经栽培，我国东北、华中及华南均有引种。

经济用途

树形高大，叶大荫浓，干皮光滑，适应性强，为世界行道树和庭园树，被誉为“行道树之王”。其所含的部分化学成分具有一定的生理活性，可用于医疗及增强免疫能力。鲜叶可作食用菌培养基、肥料，也可作牲畜的粗饲料，枯叶可作治虫烟雾剂的供热剂原料。每年春夏季节生成大量的花粉，同时上年的球果开裂会产生大量的果毛，容易进入人们的呼吸道，引起部分人群发生过敏反应，引发诸多病症。

165 粉花绣线菊

学名： *Spiraea japonica* L. f. **科名：** 蔷薇科 **属名：** 绣线菊属

识别特征

直立灌木，枝条细长，开展，小枝近圆柱形，无毛或幼时被短柔毛。冬芽卵形，先端急尖，有数个鳞片。叶片卵形至卵状椭圆形，先端急尖至短渐尖，基部楔形，边缘有缺刻状重锯齿或单锯齿，上面暗绿色，无毛或沿叶脉微具短柔毛，下面色浅或有白霜，通常沿叶脉有短柔毛。叶柄具短柔毛。复伞房花序生于当年生的直立新枝顶端，花朵密集，密被短柔毛。苞片披针形至线状披针形，下面微被柔毛。花萼外面有稀疏短柔毛，萼筒钟状，内面有短柔毛。萼片三角形，先端急尖，内面近先端有短柔毛。花瓣卵形至圆形，先端通常圆钝，粉红色。雄蕊 25 ~ 30，远较花瓣长。花盘圆环形，约有 10 个不整齐的裂片。蓇葖果半开张，无毛或沿腹缝有稀疏柔毛，花柱顶生，稍倾斜开展，萼片常直立。花期 6 ~ 7 月，果期 8 ~ 9 月。

分布与生境

原产日本、朝鲜，我国各地栽培供观赏。

经济用途

味苦、性凉、无毒，《贵州民间药物》记载:“止咳，镇痛，治翳明目。”其有止咳、明目、镇痛等功效，用于治疗咳嗽、眼赤、目翳、头痛等症状。花色艳丽，可作花坛、花境、绿篱，或丛植于草坪及园路角隅等处，亦可作基础种植，其叶片雅致，叶型奇特，是用作切花、盆栽生产的材料。

166 华北绣线菊

学名：*Spiraea fritschiana* Schneid.　**科名：**蔷薇科　**属名：**绣线菊属

识别特征

灌木，枝条粗壮，小枝具明显棱角，有光泽，嫩枝无毛或具稀疏短柔毛，紫褐色至浅褐色。冬芽卵形，先端渐尖或急尖，有数枚外露褐色鳞片，幼时具稀疏短柔毛。叶片卵形、椭圆卵形或椭圆长圆形，先端急尖或渐尖，基部宽楔形，边缘有不整齐重锯齿或单锯齿，上面深绿色，无毛，稀沿叶脉有稀疏短柔毛，下面浅绿色，具短柔毛。叶柄幼时具短柔毛。复伞房花序顶生于当年生直立新枝上，多花，无毛。苞片披针形或线形，微被短柔毛。萼筒钟状，内面密被短柔毛。萼片三角形，先端急尖，内面近先端有短柔毛。花瓣卵形，先端圆钝，白色，在芽中呈粉红色。雄蕊 25 ~ 30，长于花瓣。花盘圆环状，有 8 ~ 10 个大小不等的裂片，裂片先端微凹。子房具短柔毛，花柱短于雄蕊。蓇葖果几直立，开张，无毛或仅沿腹缝有短柔毛，花柱顶生，直立或稍倾斜，常具反折萼片。花期 6 月，果期 7 ~ 8 月。

分布与生境

产于河南、陕西、山东、江苏、浙江。生于岩石坡地、山谷丛林间，海拔 100 ~ 1 000 m。

经济用途

树姿优美，枝叶繁密，是园林绿化中优良的观花观叶树种。根及果实可供药用。

167 中华绣线菊

学名： *Spiraea chinensis* Maxim. **科名：** 蔷薇科 **属名：** 绣线菊属

识别特征

灌木，小枝呈拱形弯曲，红褐色，幼时被黄色绒毛，有时无毛。冬芽卵形，先端急尖，有数枚鳞片，外被柔毛。叶片菱状卵形至倒卵形，先端急尖或圆钝，基部宽楔形或圆形，边缘有缺刻状粗锯齿，或具不明显3裂，上面暗绿色，被短柔毛，脉纹深陷，下面密被黄色绒毛，脉纹突起。叶柄被短绒毛。伞形花序具花16 ~ 25朵。花梗具短绒毛。苞片线形，被短柔毛。萼筒钟状，外面有稀疏柔毛，内面密被柔毛。萼片卵状披针形，先端长渐尖，内面有短柔毛。花瓣近圆形，先端微凹或圆钝，白色。雄蕊22 ~ 25，短于花瓣或与花瓣等长。花盘波状圆环形或具不整齐的裂片。子房具短柔毛，花柱短于雄蕊。蓇葖果开张，全体被短柔毛，花柱顶生，直立或稍倾斜，具直立，稀反折萼片。花期3 ~ 6月，果期6 ~ 10月。

分布与生境

产于内蒙古、河北、河南、陕西、湖北、湖南、安徽、江西、江苏、浙江、贵州、四川、云南、福建、广东、广西。生于山坡灌木丛中、山谷溪边、田野路旁，海拔500 ~ 2 040 m。

经济用途

根及叶可入药，其根味苦，性凉，具有止咳、明目、镇痛等功效，可用于治疗咳嗽、眼赤、目弱、头痛等症，其叶味淡，性平，具有消肿解毒、去腐生肌等功效，可用来治疗慢性骨髓炎。其花色明艳、花朵繁茂，盛开时枝条全部为细巧的花朵所覆盖，形成一条条拱形花带，树上树下一片雪白，犹如雪花，十分可爱。其还常丛生成半圆形，十分雅致，可丛植于池畔、路旁或林缘，也可列植为花篙。

168 华中栒子

学名： *Cotoneaster silvestrii* Pamp. **科名：** 蔷薇科 **属名：** 栒子属

识别特征

落叶灌木，枝条开张，小枝细瘦，呈拱形弯曲，棕红色，嫩时具短柔毛，不久即脱落。叶片椭圆形至卵形，先端急尖或圆钝，稀微凹。基部圆形或宽楔形，上面无毛或幼时微具平铺柔毛，下面被薄层灰色绒毛。侧脉 4 ~ 5 对，上面微陷，下面突起。叶柄细，具绒毛。托叶线形，微具细柔毛，早落。聚伞花序有花 3 ~ 9 朵，总花梗和花梗被细柔毛。萼筒钟状，外被细长柔毛，内面无毛。萼片三角形，先端急尖，外面有细柔毛，内面近无毛。花瓣平展，近圆形，先端微凹，基部有短爪，内面近基部有白色细柔毛，白色。雄蕊 20，稍短于花瓣，花药黄色。花柱 2，离生，比雄蕊短。子房先端有白色柔毛。果实近球形，红色，通常 2 小核连合为 1 个。花期 6 月，果期 9 月。

分布与生境

产于河南、湖北、安徽、江西、江苏、四川、甘肃。生于杂木林内，海拔 500 ~ 2 600 m。

经济用途

具有解毒排毒和清热除烦等功效，并且果实能加快患者身体代谢，滋补身体，增强身体素质。栒子具有凉血、止血功效，可治鼻衄、牙龈出血、月经过多等症。

169 火 棘

学名： *Pyracantha fortuneana* (Maxim.) Li　**科名：** 蔷薇科　**属名：** 火棘属

识别特征

常绿灌木，侧枝短，先端成刺状，嫩枝外被锈色短柔毛，老枝暗褐色，无毛。芽小，外被短柔毛。叶片倒卵形或倒卵状长圆形，先端圆钝或微凹，有时具短尖头，基部楔形，下延连于叶柄，边缘有钝锯齿，齿尖向内弯，近基部全缘，两面皆无毛。叶柄短，无毛或嫩时有柔毛。花集成复伞房花序，花梗和总花梗近于无毛。萼筒钟状，无毛。萼片三角卵形，先端钝。花瓣白色，近圆形。雄蕊 20，药黄色。花柱 5，离生，与雄蕊等长，子房上部密生白色柔毛。果实近球形，橘红色或深红色。花期 3 ~ 5 月，果期 8 ~ 11 月。

分布与生境

产于陕西、河南、江苏、浙江、福建、湖北、湖南、广西、贵州、云南、四川、西藏。生于山地、丘陵地阳坡灌丛草地及河沟路旁，海拔 500 ~ 2 800 m。

经济用途

我国西南各省区田边习见栽培作绿篱，果实磨粉可作代食品。

170 细圆齿火棘

学名： *Pyracantha crenulata* (D. Don) Roem. **科名：** 蔷薇科 **属名：** 火棘属

识别特征

常绿灌木或小乔木，有时具短枝刺，嫩枝有锈色柔毛，老时脱落，暗褐色，无毛。叶片长圆形或倒披针形，稀卵状披针形，先端通常急尖或钝，有时具短尖头，基部宽楔形或稍圆形，边缘有细圆锯齿，或具稀疏锯齿，两面无毛，上面光滑，中脉下陷，下面淡绿色，中脉凸起。叶柄短，嫩时有黄褐色柔毛，老时脱落。复伞房花序生于主枝和侧枝顶端，总花梗幼时基部有褐色柔毛，老时无毛。花梗无毛。萼筒钟状，无毛。萼片三角形，先端急尖，微具柔毛。花瓣圆形，有短爪。雄蕊 20，花药黄色。花柱 5，离生，与雄蕊等长，子房上部密生白色柔毛。梨果几球形，熟时橘黄色至橘红色。花期 3 ~ 5 月，果期 9 ~ 12 月。

分布与生境

产于陕西、江苏、湖北、湖南、广东、广西、贵州、四川、云南。生于山坡、路边、沟旁、丛林或草地，海拔 750 ~ 2 400 m。印度、不丹、尼泊尔也有分布。

经济用途

根、叶和果实可入药，其味苦、微辛、涩，性平。有止泻、止血、散瘀、消积的功效，可治疗腹泻、血痢、久痢脱肛、痔疮出血、便血、跌打损伤、瘀阻疼痛、食积胀满等病症。其黄果亮丽，在园林中可丛植、孤植配置。

171 枇 杷

学名： *Eriobotrya japonica* (Thunb.) Lindl. **科名：** 蔷薇科 **属名：** 枇杷属

识别特征

常绿小乔木，小枝粗壮，黄褐色，密生锈色或灰棕色绒毛。叶片革质，披针形、倒披针形、倒卵形或椭圆长圆形，先端急尖或渐尖，基部楔形或渐狭成叶柄，上部边缘有疏锯齿，基部全缘，上面光亮，多皱，下面密生灰棕色绒毛，侧脉 11 ~ 21 对。叶柄短或几无柄，有灰棕色绒毛。托叶钻形，先端急尖，有毛。圆锥花序顶生，具多花。总花梗和花梗密生锈色绒毛。苞片钻形，密生锈色绒毛。萼筒浅杯状，萼片三角卵形，先端急尖，萼筒及萼片外面有锈色绒毛。花瓣白色，长圆形或卵形，基部具爪，有锈色绒毛。雄蕊 20，远短于花瓣，花丝基部扩展。花柱 5，离生，柱头头状，无毛，子房顶端有锈色柔毛，5 室，每室有 2 胚珠。果实球形或长圆形，黄色或橘黄色，外有锈色柔毛，不久脱落。种子 1 ~ 5 粒，球形或扁球形，褐色，光亮，种皮纸质。花期 10 ~ 12 月，果期 5 ~ 6 月。

分布与生境

产于甘肃、陕西、河南、江苏、安徽、浙江、江西、湖北、湖南、四川、云南、贵州、广西、广东、福建、台湾。各地广行栽培，四川、湖北有野生者。日本、印度、越南、缅甸、泰国、印度尼西亚也有栽培。

经济用途

美丽观赏树木和果树。果味甘酸，供生食、蜜饯和酿酒用。叶晒干去毛，可供药用，有化痰止咳、和胃降气之效。木材红棕色，可作木梳、手杖、农具柄等用。

172 石 楠

学名： *Photinia serratifolia* (Desf.) Kalkman **科名：** 蔷薇科 **属名：** 石楠属

识别特征

常绿灌木或小乔木，枝褐灰色，无毛。冬芽卵形，鳞片褐色，无毛。叶片革质，长椭圆形、长倒卵形或倒卵状椭圆形，有绒毛，成熟后两面皆无毛，中脉显著，侧脉 25 ~ 30 对。叶柄粗壮，幼时有绒毛，以后无毛。复伞房花序顶生。总花梗和花梗无毛。花密生。萼筒杯状，无毛。萼片阔三角形，先端急尖，无毛。花瓣白色，近圆形，内外两面皆无毛。雄蕊 20，外轮较花瓣长，内轮较花瓣短，花药带紫色。花柱 2，有时为 3，基部合生，柱头头状，子房顶端有柔毛。果实球形，红色，后呈褐紫色，有 1 粒种子。种子卵形，棕色，平滑。花期 4 ~ 5 月，果期 10 月。

分布与生境

产于陕西、甘肃、河南、江苏、安徽、浙江、江西、湖南、湖北、福建、台湾、广东、广西、四川、云南、贵州。生于杂木林中，海拔 1 000 ~ 2 500 m。日本、印度尼西亚也有分布。

经济用途

常种植于庭院、路旁、街头交叉点，树冠还可修剪造型，木材可制车轮及器具柄，种子可榨油做肥皂，根可提栲胶，果也可作酿酒的原料。干叶可药用，有利尿、解热、镇痛的作用。

173 红叶石楠

学名： *Photinia* × *fraseri* Dress **科名：** 蔷薇科 **属名：** 石楠属

识别特征

常绿灌木或小乔木，小枝灰褐色，无毛。叶互生，长椭圆形或倒卵状椭圆形，边缘有疏生腺齿，无毛。复伞房花序顶生，花白色。果球形，红色或褐紫色。

分布与生境

产于陕西、甘肃、河南、江苏、安徽、浙江、江西、湖南、湖北、福建、台湾、广东、广西、四川、云南、贵州。生于杂木林中，海拔 1 000 ～ 2 500 m。日本、印度尼西亚也有分布。

经济用途

生长速度快，且萌芽性强、耐修剪，可根据园林需要栽培成不同的树形。一至二年生的红叶石楠可修剪成矮小灌木，在园林绿地中作为地被植物片植，或与其他色叶植物组合成各种图案，红叶时期，色彩对比非常显著。也可培育成独干不明显、从生形的小乔木，群植成大型绿篱或幕墙，在居住区、厂区绿地、街道或公路绿化隔离带应用。还可培育成独干、球形树冠的乔木，在绿地中孤植，或作行道树，或盆栽后在门廊及室内布置。

174 豆 梨

学名： *Pyrus calleryana* Dcne. **科名：** 蔷薇科 **属名：** 梨属

识别特征

乔木，小枝粗壮，圆柱形，在幼嫩时有绒毛，不久脱落，二年生枝条灰褐色。冬芽三角卵形，先端短渐尖，微具绒毛。叶片宽卵形至卵形，稀长椭卵形，先端渐尖，稀短尖，基部圆形至宽楔形，边缘有钝锯齿，两面无毛。叶柄无毛。托叶叶质，线状披针形，无毛。伞形总状花序，具花 6 ~ 12 朵，总花梗和花梗均无毛。苞片膜质，线状披针形，内面具绒毛。萼筒无毛。萼片披针形，先端渐尖，全缘，外面无毛，内面具绒毛，边缘较密。花瓣卵形，基部具短爪，白色。雄蕊 20，稍短于花瓣。花柱 2，稀 3，基部无毛。梨果球形，黑褐色，有斑点，萼片脱落，2（3）室，有细长果梗。花期 4 月，果期 8 ~ 9 月。

分布与生境

产于山东、河南、江苏、浙江、江西、安徽、湖北、湖南、福建、广东、广西。适生于温暖潮湿气候，生于山坡、平原或山谷杂木林中，海拔 80 ~ 1 800 m。分布于越南北部。

经济用途

木材致密，可作器具。通常用作沙梨砧木。

175 垂丝海棠

学名： *Malus halliana* Koehne **科名：** 蔷薇科 **属名：** 苹果属

识别特征

乔木，树冠开展。小枝细弱，微弯曲，圆柱形，最初有毛，不久脱落，紫色或紫褐色。冬芽卵形，先端渐尖，无毛或仅在鳞片边缘具柔毛，紫色。叶片卵形或椭圆形至长椭卵形，先端长渐尖，基部楔形至近圆形，边缘有圆钝细锯齿，中脉有时具短柔毛，其余部分均无毛，上面深绿色，有光泽并常带紫晕。叶柄幼时被稀疏柔毛，老时近于无毛。托叶小，膜质，披针形，内面有毛，早落。伞房花序，具花 4 ~ 6 朵，花梗细弱，下垂，有稀疏柔毛，紫色。萼筒外面无毛。萼片三角卵形，先端钝，全缘，外面无毛，内面密被绒毛，与萼筒等长或稍短。花瓣倒卵形，基部有短爪，粉红色，常在 5 数以上。雄蕊 20 ~ 25，花丝长短不齐，约等于花瓣之半。花柱 4 或 5，较雄蕊为长，基部有长绒毛，顶花有时缺少雌蕊。果实梨形或倒卵形，略带紫色，成熟很迟，萼片脱落。花期 3 ~ 4 月，果期 9 ~ 10 月。

分布与生境

产于江苏、浙江、安徽、陕西、四川、云南。生于山坡丛林中或山溪边，海拔 50 ~ 1 200 m。

经济用途

花用水煎服可治疗妇女月经不调、崩漏。其枝叶用水煎服，可治霍乱吐利，并能祛风、消痰。树形优美、枝叶扶疏、花色艳丽，观赏价值极高，可做大型盆栽或绿化树植。果实可食用，可制作蜜饯。

176 西府海棠

学名：*Malus* × *micromalus* Makino　**科名：**蔷薇科　**属名：**苹果属

识别特征

小乔木，树枝直立性强。小枝细弱，圆柱形，嫩时被短柔毛，老时脱落，紫红色或暗褐色，具稀疏皮孔。冬芽卵形，先端急尖，无毛或仅边缘有绒毛，暗紫色。叶片长椭圆形或椭圆形，先端急尖或渐尖，基部楔形，稀近圆形，边缘有尖锐锯齿，嫩叶被短柔毛，下面较密，老时脱落。托叶膜质，线状披针形，先端渐尖，边缘有疏生腺齿，近于无毛，早落。伞形总状花序，有花 4 ~ 7 朵，集生于小枝顶端，嫩时被长柔毛，逐渐脱落。苞片膜质，线状披针形，早落。萼筒外面密被白色长绒毛。萼片三角卵形，三角披针形至长卵形，先端急尖或渐尖，全缘，内面被白色绒毛，外面较稀疏，萼片与萼筒等长或稍长。花瓣近圆形或长椭圆形，基部有短爪，粉红色。雄蕊约 20，花丝长短不等，比花瓣稍短。花柱 5，基部具绒毛，约与雄蕊等长。果实近球形，红色，萼洼梗洼均下陷，萼片多数脱落，少数宿存。花期 4 ~ 5 月，果期 8 ~ 9 月。

分布与生境

产于辽宁、河北、山西、山东、陕西、甘肃、云南。海拔 100 ~ 2 400 m。

经济用途

为常见栽培的果树及观赏树。树姿直立，花朵密集。果味酸甜，可供鲜食及加工用。栽培品种很多，果实形状、大小、颜色和成熟期均有差别，所以有热花红、冷花红、铁花红、紫海棠、红海棠、老海红、八楞海棠等名称。华北有些地区用作苹果或花红的砧木，生长良好，比山荆子抗旱力强。

177 野蔷薇

学名： *Rosa multiflora* Thunb. **科名：** 蔷薇科 **属名：** 蔷薇属

识别特征

攀缘灌木，小枝圆柱形，通常无毛，有短、粗稍弯曲皮束。小叶 5 ~ 9，近花序的小叶有时 3。小叶片倒卵形、长圆形或卵形，先端急尖或圆钝，基部近圆形或楔形，边缘有尖锐单锯齿，稀混有重锯齿，上面无毛，下面有柔毛。小叶柄和叶轴有柔毛或无毛，有散生腺毛。托叶篦齿状，大部贴生于叶柄，边缘有或无腺毛。花多朵，排成圆锥状花序，无毛或有腺毛，有时基部有篦齿状小苞片。萼片披针形，有时中部具 2 个线形裂片，外面无毛，内面有柔毛。花瓣白色，宽倒卵形，先端微凹，基部楔形。花柱结合成束，无毛，比雄蕊稍长。果近球形，红褐色或紫褐色，有光泽，无毛，萼片脱落。

分布与生境

产于江苏、山东、河南等省。日本、朝鲜习见。

经济用途

主治无名肿毒、崩漏。现代药理研究表明，其还具有降血糖、降血脂、增强机体免疫力、延缓衰老、抗病原体、抗肿瘤、抑菌、预防心脏病的作用。初夏开花，花繁叶茂，适应性极强，栽培范围较广，易繁殖，是较好的园林绿化材料，可植于溪畔、路旁及园边、地角等处，或用于花柱、花架、墙面、山石、阳台的绿化等，往往密集丛生，满枝灿烂，景色颇佳。嫩茎叶经沸水焯后可凉拌、炒食；其花亦是一种鲜美食蔬，可炸食，可做酱、酿酒。

178 软条七蔷薇

学名：*Rosa henryi* Bouleng.　**科名：**蔷薇科　**属名：**蔷薇属

识别特征

灌木，有长匍枝。小枝有短扁、弯曲皮刺或无刺。小叶通常 5，近花序小叶片常为 3。小叶片长圆形、卵形、椭圆形或椭圆状卵形，先端长渐尖或尾尖，基部近圆形或宽楔形，边缘有锐锯齿，两面均无毛，下面中脉突起。小叶柄和叶轴无毛，有散生小皮刺。托叶大部贴生于叶柄，离生部分披针形，先端渐尖，全缘，无毛，或有稀疏腺毛。花 5 ~ 15 朵，呈伞形伞房状花序。花梗和萼筒无毛，有时具腺毛，萼片披针形，先端渐尖，全缘，有少数裂片，外面近无毛而有稀疏腺点，内面有长柔毛。花瓣白色，宽倒卵形，先端微凹，基部宽楔形。花柱结合成柱，被柔毛，比雄蕊稍长。果近球形，成熟后褐红色，有光泽，果梗有稀疏腺点。萼片脱落。

分布与生境

产于陕西、河南、安徽、江苏、浙江、江西、福建、广东、广西、湖北、湖南、四川、云南、贵州等省（区）。生于山谷、林边、田边或灌丛中，海拔 1 700 ~ 2 000 m。

经济用途

可以吸收废气、阻挡灰尘、净化空气。花密、色艳、香浓，秋果红艳，是极好的垂直绿化材料，适用于布置花柱、花架、花廊和墙垣，是作绿篱的良好材料，非常适合家庭种植。根、果实药用，辛、苦、涩，温。可消肿止痛、祛风除湿、止血解毒、补脾固涩，用于治疗月经过多。

179 多腺悬钩子

学名：*Rubus phoenicolasius* Maxim. **科名：**蔷薇科 **属名：**悬钩子属

识别特征

灌木，枝初直立后蔓生，密生红褐色刺毛、腺毛和稀疏皮刺。小叶3枚，稀5枚，卵形、宽卵形或菱形，稀椭圆形，顶端急尖至渐尖，基部圆形至近心形，上面或仅沿叶脉有伏柔毛，下面密被灰白色绒毛，沿叶脉有刺毛、腺毛和稀疏小针刺，边缘具不整齐粗锯齿，常有缺刻，顶生小叶常浅裂。叶柄侧生小叶近无柄，均被柔毛、红褐色刺毛、腺毛和稀疏皮刺。托叶线形，具柔毛和腺毛。花较少数，形成短总状花序，顶生或部分腋生。总花梗和花梗密被柔毛、刺毛和腺毛。苞片披针形，具柔毛和腺毛。花萼外面密被柔毛、刺毛和腺毛。萼片披针形，顶端尾尖，在花果期均直立开展。花瓣直立，倒卵状匙形或近圆形，紫红色，基部具爪并有柔毛。雄蕊稍短于花柱。花柱比雄蕊稍长，子房无毛或微具柔毛。果实半球形，红色，无毛。核有明显皱纹与洼穴。花期5～6月，果期7～8月。

分布与生境

产于山西、河南、陕西、甘肃、山东、湖北、四川。生于低海拔至中海拔的林下、路旁或山沟谷底。日本、朝鲜、欧洲、北美也有分布。据文献和《中国高等植物图鉴》及《秦岭植物志》记载，青海、江苏、湖北、湖南、贵州也有分布，但均未见到标本。

经济用途

果微酸可食。根、叶入药，可解毒及作强壮剂。茎皮可提取栲胶。

180 三花悬钩子

学名： *Rubus trianthus* Focke **科名：** 蔷薇科 **属名：** 悬钩子属

识别特征

藤状灌木，枝细瘦，暗紫色，无毛，疏生皮刺，有时具白粉。单叶，卵状披针形或长圆披针形，顶端渐尖，基部心脏形，稀近截形，两面无毛，上面色较浅，3 裂或不裂，通常不育枝上的叶较大而 3 裂，顶生裂片卵状披针形，边缘有不规则或缺刻状锯齿。叶柄无毛，疏生小皮刺，基部有 3 脉。托叶披针形或线形，无毛。花常 3 朵，有时花超过 3 朵而成短总状花序，常顶生。花梗无毛。苞片披针形或线形。花萼外面无毛。萼片三角形，顶端长尾尖。花瓣长圆形或椭圆形，白色，几与萼片等长。雄蕊多数，花丝宽扁。雌蕊 10 ~ 50，子房无毛。果实近球形，红色，无毛。核具皱纹。花期 4 ~ 5 月，果期 5 ~ 6 月。

分布与生境

产于江西、湖南、湖北、安徽、浙江、江苏、福建、台湾、四川、云南、贵州。生于山坡杂木林或草丛中，也习见于路旁、溪边及山谷等处，海拔 500 ~ 2 800 m。越南有分布。

经济用途

全株入药，有活血散瘀之效。

181 杏

学名： *Prunus armeniaca* L. **科名：** 蔷薇科 **属名：** 李属

识别特征

乔木，树冠圆形、扁圆形或长圆形。树皮灰褐色，纵裂。多年生枝浅褐色，皮孔大而横生，一年生枝浅红褐色，有光泽，无毛，具多数小皮孔。叶片宽卵形或圆卵形，先端急尖至短渐尖，基部圆形至近心形，叶边有圆钝锯齿，两面无毛或下面脉腋间具柔毛。叶柄无毛，基部常具 1 ~ 6 腺体。花单生，先于叶开放。花梗短，被短柔毛。花萼紫绿色。萼筒圆筒形，外面基部被短柔毛。萼片卵形至卵状长圆形，先端急尖或圆钝，花后反折。花瓣圆形至倒卵形，白色或带红色，具短爪。雄蕊 20 ~ 45，稍短于花瓣。子房被短柔毛，花柱稍长或几与雄蕊等长，下部具柔毛。果实球形，稀倒卵形，白色、黄色至黄红色，常具红晕，微被短柔毛。果肉多汁，成熟时不开裂。核卵形或椭圆形，两侧扁平，顶端圆钝，基部对称，稀不对称，表面稍粗糙或平滑，腹棱较圆，常稍钝，背棱较直，腹面具龙骨状棱。种仁味苦或甜。花期 3 ~ 4 月，果期 6 ~ 7 月。

分布与生境

产于全国各地，多数为栽培，尤以华北、西北和华东地区种植较多，少数地区逸为野生，在新疆伊犁一带野生成纯林或与新疆野苹果林混生，海拔可达 3 000 m。世界各地均有栽培。

经济用途

种仁（杏仁）入药，有止咳祛痰、定喘润肠之效。

182 梅

学名： *Prunus mume* Siebold & Zucc.　**科名：** 蔷薇科　**属名：** 李属

识别特征

小乔木，稀灌木，树皮浅灰色或带绿色，平滑。小枝绿色，光滑无毛。叶片卵形或椭圆形，先端尾尖，基部宽楔形至圆形，叶边常具小锐锯齿，灰绿色，幼嫩时两面被短柔毛，成长时逐渐脱落，或仅下面脉腋间具短柔毛。叶柄幼时具毛，老时脱落，常有腺体。花单生或有时 2 朵同生于 1 芽内，香味浓，先于叶开放。花梗短，常无毛。花萼通常红褐色，但有些品种的花萼为绿色或绿紫色。萼筒宽钟形，无毛或有时被短柔毛。萼片卵形或近圆形，先端圆钝。花瓣倒卵形，白色至粉红色。雄蕊短或稍长于花瓣。子房密被柔毛，花柱短或稍长于雄蕊。果实近球形，黄色或绿白色，被柔毛，味酸。果肉与核粘贴。核椭圆形，顶端圆形而有小突尖头，基部渐狭呈楔形，两侧微扁，腹棱稍钝，腹面和背棱上均有明显纵沟，表面具蜂窝状孔穴。花期冬春季，果期 5 ~ 6 月（在华北果期延至 7 ~ 8 月）。

分布与生境

我国各地均有栽培，但以长江流域以南各省最多，江苏北部和河南南部也有少数品种，某些品种已在华北引种成功。日本和朝鲜也有。

经济用途

原产于我国南方，已有三千多年的栽培历史，无论作观赏树种或果树均有许多品种。许多类型不但露地栽培供观赏，还可以栽为盆花，制作梅桩。鲜花可提取香精，花、叶、根和种仁均可入药。果实可食、盐渍或干制，或熏制成乌梅入药，有止咳、止泻、生津、止渴之效。梅能抗根线虫危害，可作核果类果树的砧木。

183 山樱花

学名： *Prunus serrulata* (Lindl.) G. Don ex London **科名：** 蔷薇科 **属名：** 李属

识别特征

乔木，树皮灰褐色或灰黑色。小枝灰白色或淡褐色，无毛。冬芽卵圆形，无毛。叶片卵状椭圆形或倒卵椭圆形，先端渐尖，基部圆形，边有渐尖单锯齿及重锯齿，齿尖有小腺体，上面深绿色，无毛，下面淡绿色，无毛，有侧脉 6 ~ 8 对。叶柄无毛，先端有 1 ~ 3 圆形腺体。托叶线形，边有腺齿，早落。花序伞房总状或近伞形，有花 2 ~ 3 朵。总苞片褐红色，倒卵长圆形，外面无毛，内面被长柔毛。总梗无毛。苞片褐色或淡绿褐色，边有腺齿。花梗无毛或被极稀疏柔毛。萼筒管状，先端扩大，萼片三角披针形，先端渐尖或急尖。边全缘。花瓣白色，稀粉红色，倒卵形，先端下凹。雄蕊约 38 枚。花柱无毛。核果球形或卵球形，紫黑色。花期 4 ~ 5 月，果期 6 ~ 7 月。

分布与生境

产于黑龙江、河北、山东、江苏、浙江、安徽、江西、湖南、贵州。生于山谷林中或栽培，海拔 500 ~ 1 500 m。日本、朝鲜也有分布。

经济用途

山樱花植株优美漂亮，叶片油亮，花朵鲜艳亮丽，是园林绿化中优秀的观花树种。广泛用于绿化道路、小区、公园、庭园、河堤等，绿化效果明显，体现速度快。山樱花的移栽成活率极高，栽植后保护得当，很少发生死苗，是园林绿化的新亮点。

184 樱 桃

学名：*Prunus pseudocerasus* (Lindl.) G. Don **科名：**蔷薇科 **属名：**李属

识别特征

乔木，树皮灰白色。小枝灰褐色，嫩枝绿色，无毛或被疏柔毛。冬芽卵形，无毛。叶片卵形或长圆状卵形，先端渐尖或尾状渐尖，基部圆形，边有尖锐重锯齿，齿端有小腺体，上面暗绿色，近无毛，下面淡绿色，沿脉或脉间有稀疏柔毛，侧脉 9 ~ 11 对。叶柄被疏柔毛，先端有 1 或 2 个大腺体。托叶早落，披针形，有羽裂腺齿。花序伞房状或近伞形，有花 3 ~ 6 朵，先叶开放。总苞倒卵状椭圆形，褐色，边有腺齿。花梗被疏柔毛。萼筒钟状，外面被疏柔毛，萼片三角卵圆形或卵状长圆形，先端急尖或钝，边缘全缘。花瓣白色，卵圆形，先端下凹或二裂。雄蕊 30 ~ 35 枚，栽培者可达 50 枚。花柱与雄蕊近等长，无毛。核果近球形，红色。花期 3 ~ 4 月，果期 5 ~ 6 月。

分布与生境

产于辽宁、河北、陕西、甘肃、山东、河南、江苏、浙江、江西、四川。生于山坡阳处或沟边，常栽培，海拔 300 ~ 600 m。

经济用途

本种在我国久经栽培，品种颇多，供食用，也可酿樱桃酒。枝、叶、根、花也可供药用。

185 毛樱桃

学名： *Prunus tomentosa* (Thunb.) Wall. **科名：** 蔷薇科 **属名：** 李属

识别特征

灌木，稀呈小乔木状，小枝紫褐色或灰褐色，嫩枝密被绒毛到无毛。冬芽卵形，疏被短柔毛或无毛。叶片卵状椭圆形或倒卵状椭圆形，先端急尖或渐尖，基部楔形，边有急尖或粗锐锯齿，上面暗绿色或深绿色，被疏柔毛，下面灰绿色，密被灰色绒毛或以后变为稀疏，侧脉 4 ~ 7 对。叶柄被绒毛或脱落稀疏。托叶线形，被长柔毛。花单生或 2 朵簇生，花叶同开，近先叶开放或先叶开放。花梗短，近无梗。萼筒管状或杯状，外被短柔毛或无毛，萼片三角卵形，先端圆钝或急尖，内外两面内被短柔毛或无毛。花瓣白色或粉红色，倒卵形，先端圆钝。雄蕊 20 ~ 25 枚，短于花瓣。花柱伸出与雄蕊近等长或稍长。子房全部被毛或仅顶端或基部被毛。核果近球形，红色。核表面除棱脊两侧有纵沟外，无棱纹。花期 4 ~ 5 月，果期 6 ~ 9 月。

分布与生境

产于黑龙江、吉林、辽宁、内蒙古、河北、山西、陕西、甘肃、宁夏、青海、山东、四川、云南、西藏。生于山坡林中、林缘、灌丛中或草地上，海拔 100 ~ 3 200 m。

经济用途

本种果实微酸甜，可食及酿酒。种仁含油率达 43% 左右，可制肥皂及润滑油用。种仁入药，商品名大李仁，有润肠利水之效。我国河北、新疆、江苏等地城市庭园常见栽培，供观赏用。

186 郁　李

学名： *Prunus japonica* (Thunb.) Lois.　**科名：** 蔷薇科　**属名：** 李属

识别特征

灌木，冬芽无。叶卵形或卵状披针形，有缺刻状尖锐重锯齿，上面无毛，下面淡绿色，无毛或脉有稀疏柔毛，侧脉 5 ～ 8 对。叶柄无毛或被稀疏柔毛，托叶线形，有腺齿。花 1 ～ 3 朵，簇生，花叶同放或先叶开放。花梗无毛或被疏柔毛。萼筒陀螺形，无毛。萼片椭圆形，比萼筒稍长，有细齿。花瓣白或粉红色，倒卵状椭圆形。花柱与雄蕊近等长，无毛。核果近球形，熟时深红色。核光滑。花期 5 月，果期 7 ～ 8 月。

分布与生境

原产于中国中部各省，在日本及朝鲜也有分布。喜光，耐寒、耐干旱、耐水湿、耐瘠薄，在排水良好、中性、肥沃疏松的沙壤土上生长较好，在石灰性土壤上生长最旺。

经济用途

果实可入药，味苦、辛、甘，性平。有润肠通便、消痈解毒的功效，可治疗津枯肠燥、腹胀便秘、食积气滞、小便不利、水肿等。适宜群植，宜配置在阶前、屋旁、山坡上，或点缀于林缘、草坪周围，也可作花径、花篱或作盆栽观赏。其果实可生食，也可用于酿酒。

187 橉 木

学名： *Prunus buergeriana* Miq. **科名：** 蔷薇科 **属名：** 李属

识别特征

落叶乔木，老枝黑褐色。小枝红褐色或灰褐色，通常无毛。冬芽卵圆形，通常无毛，稀在鳞片边缘有睫毛。小枝无毛。冬芽无毛，稀鳞片边缘有睫毛。叶片椭圆形或长圆椭圆形，稀倒卵椭圆形，先端尾状渐尖或短渐尖，基部圆形、宽楔形，偶有楔形，边缘有贴生锐锯齿，上面深绿色，下面淡绿色，两面无毛。叶柄通常无毛，无腺体，有时在叶片基部边缘两侧各有 1 个腺体。托叶膜质，线形，先端渐尖，边有腺齿，早落。花 20 ~ 30 朵，成总状花序，基部无叶。花梗近无毛或疏被柔毛。萼筒钟状，萼片三角状卵形，有不规则细锯齿，齿尖幼时带腺体。花瓣白色，宽倒卵形，先端啮蚀状。雄蕊 10，着生于花盘边缘。核果近球形或卵球形，黑褐色，无毛。果梗无毛。萼片宿存。花期 4 ~ 5 月，果期 5 ~ 10 月。

分布与生境

国内产地：甘肃、陕西、河南、安徽、江苏、浙江、江西、广西、湖南、湖北、四川、贵州等省（区）。国外分布：日本和朝鲜。生境：高山密林中、山坡阳处疏林中、山谷斜坡或路旁空旷地。海拔：1 000 ~ 2 800 m。

经济用途

作为观赏植物被全世界各地大规模栽种，大多数生命力很强。

188 假升麻

学名：Aruncus sylvester Kostel. **科名：**蔷薇科 **属名：**假升麻属

识别特征

多年生草本，基部木质化，茎圆柱形，无毛，带暗紫色。大型羽状复叶，通常二回，稀三回，总叶柄无毛。小叶片 3 ~ 9，菱状卵形、卵状披针形或长椭圆形，先端渐尖，稀尾尖，基部宽楔形，稀圆形，边缘有不规则的尖锐重锯齿，近于无毛或沿叶边具疏生柔毛。不具托叶。大型穗状圆锥花序，外被柔毛与稀疏星状毛，逐渐脱落，果期较少。苞片线状披针形，微被柔毛。萼筒杯状，微具毛。萼片三角形，先端急尖，全缘，近于无毛。花瓣倒卵形，先端圆钝，白色。雄花具雄蕊 20，着生在萼筒边缘，花丝比花瓣长约 1 倍，有退化雌蕊。花盘盘状，边缘有 10 个圆形突起。雌花心皮 3 ~ 4，稀 5 ~ 8，花柱顶生，微倾斜于背部，雄蕊短于花瓣。蓇葖果并立，无毛，果梗下垂。萼片宿存，开展，稀直立。花期 6 月，果期 8 ~ 9 月。

分布与生境

产于黑龙江、吉林、辽宁、河南、甘肃、陕西、湖南、江西、安徽、浙江、四川、云南、广西、西藏。生于山沟、山坡杂木林下，海拔 1 800 ~ 3 500 m。也分布于俄罗斯西伯利亚、日本、朝鲜等地。

经济用途

嫩茎鲜嫩可食，口感好、风味独特，是黑龙江省珍贵的山野菜品种。根或全草入药，性味微酸，性平。具有补虚、收敛、解热等功效，主治劳损、筋骨疼痛。

189 柔毛路边青

学名：*Geum japonicum* var. *chinense* F.Bolle **科名：**蔷薇科 **属名：**路边青属

识别特征

多年生草本，须根，簇生。茎直立，被黄色短柔毛及粗硬毛。基生叶为大头羽状复叶，通常有小叶 1 ～ 2 对，其余侧生小叶呈附片状，叶柄被粗硬毛及短柔毛，顶生小叶最大，卵形或广卵形，浅裂或不裂，顶端圆钝，基部阔心形或宽楔形，边缘有粗大圆钝或急尖锯齿，两面绿色，被稀疏糙伏毛，下部茎生叶 3 小叶，上部茎生叶单叶，3 浅裂，裂片圆钝或急尖。茎生叶托叶草质，绿色，边缘有不规则粗大锯齿。花序疏散，顶生数朵，花梗密被粗硬毛及短柔毛。萼片三角卵形，顶端渐尖，副萼片狭小，椭圆披针形，顶端急尖，比萼片短 1 倍多，外面被短柔毛。花瓣黄色，几圆形，比萼片长。花柱顶生，在上部 1/4 处扭曲，成熟后自扭曲处脱落，脱落部分下部被疏柔毛。聚合果卵球形或椭球形，瘦果被长硬毛，花柱宿存部分光滑，顶端有小钩，果托被长硬毛。花果期 5 ～ 10 月。

分布与生境

产于陕西、甘肃、新疆、山东、河南、江苏、安徽、浙江、江西、福建、湖北、湖南、广东、广西、四川、贵州、云南。生于山坡草地、田边、河边、灌丛及疏林下，海拔 200 ～ 2 300 m。

经济用途

全草入药，功效同于路边青。

190 朝天委陵菜

学名：*Potentilla supina* L.　**科名：**蔷薇科　**属名：**委陵菜属

识别特征

一年生或二年生草本，主根细长，并有稀疏侧根。茎平展，上升或直立，叉状分枝，被疏柔毛或脱落几无毛。基生叶羽状复叶，有小叶 2 ～ 5 对，叶柄被疏柔毛或脱落几无毛；小叶互生或对生，无柄，最上面 1 ～ 2 对小叶基部下延与叶轴合生，小叶片长圆形或倒卵状长圆形，顶端圆钝或急尖，基部楔形或宽楔形，边缘有圆钝或缺刻状锯齿，两面绿色，被稀疏柔毛或脱落几无毛。茎生叶与基生叶相似，向上小叶对数逐渐减少；基生叶托叶膜质，褐色，外面被疏柔毛或几无毛，茎生叶托叶草质，绿色，全缘，有齿或分裂。花茎上多叶，下部花自叶腋生，顶端呈伞房状聚伞花序。花梗常密被短柔毛。萼片三角卵形，顶端急尖，副萼片长椭圆形或椭圆披针形，顶端急尖，比萼片稍长或近等长。花瓣黄色，倒卵形，顶端微凹，与萼片近等长或较短。花柱近顶生，基部乳头状膨大，花柱扩大。瘦果长圆形，先端尖，表面具脉纹，腹部鼓胀若翅或有时不明显。花果期 3 ～ 10 月。

分布与生境

产于黑龙江、吉林、辽宁、内蒙古、河北、山西、陕西、宁夏、甘肃、新疆、山东、河南、江苏、浙江、安徽、江西、湖北、湖南、广东、四川、贵州、云南、西藏。生于田边、荒地、河岸沙地、草甸、山坡湿地，海拔 100 ～ 2 000 m。广布于北半球温带及部分亚热带地区。

经济用途

味甘、酸，性寒，具有收敛止泻、凉血止血、滋阴益肾的功效，主治泄泻、吐血、尿血、须发早白、牙齿不固等症。据《青岛中草药手册》记载："收敛止泻。主治腹泻，试治癌症。"在花前期质地柔嫩，无气味，富含水分；为中等饲用植物，为草甸草原放牧场上的耐牧植物种类，可为家畜提供早春和晚秋牧草。

191 小瓣委陵菜

学名： *Potentilla parvipetala* B. C. Ding & S. Y. Wang

科名： 蔷薇科　**属名：** 委陵菜属

识别特征

多年生草本，茎由基部多分枝，平卧或斜上，被开展白色长柔毛。羽状复叶，小叶 3 ~ 5 个，倒卵形，或菱状卵形，顶生小叶较大，有柄，常 3 深裂，边缘有钝锯齿，侧生小叶较小，2 深裂或不裂，基部偏斜，无柄，边缘有粗锯齿，两面均被稀疏白色长柔毛。茎上部叶柄较短或近无柄，被稀疏白色长柔毛。托叶斜披针形，两面均被稀疏白色长柔毛。花单生叶腋或上部为聚伞花序，花梗被稀疏长柔毛。副萼片长圆形，被稀现长柔毛，萼裂片阔卵形，与副萼片近等长，外面被长柔毛，内面毛较少。花瓣黄色，倒卵形，雄蕊 15 个，每萼裂片基部着生 3 个，中间较长。雌变多数，花柱着生于子房内侧。瘦果小。花期 4 ~ 5 月，果熟期 5 ~ 6 月。

分布与生境

产于河南郑州、中牟、兰考、民权、封丘、原阳等县（市），大别山保护区鲇鱼山水库湿地有分布；生于河滩及低湿地。

经济用途

对于治疗泌尿系统疾病具有较好效果，具有抗痤疮、增湿的作用。

192 委陵菜

学名： *Potentilla chinensis* Ser. **科名：** 蔷薇科 **属名：** 委陵菜属

识别特征

多年生草本，根粗壮，圆柱形，稍木质化。花茎直立或上升，被稀疏短柔毛及白色绢状长柔毛。基生叶为羽状复叶，有小叶 5 ~ 15 对，叶柄被短柔毛及绢状长柔毛。小叶片对生或互生，上部小叶较长，向下逐渐减小，无柄，长圆形、倒卵形或长圆披针形，边缘羽状中裂，裂片三角卵形，三角状披针形或长圆披针形，顶端急尖或圆钝，边缘向下反卷，上面绿色，被短柔毛或脱落几无毛，中脉下陷，下面被白色绒毛，沿脉被白色绢状长柔毛，茎生叶与基生叶相似，唯叶片对数较少。基生叶托叶近膜质，褐色，外面被白色绢状长柔毛，茎生叶托叶草质，绿色，边缘锐裂。伞房状聚伞花序，花梗基部有披针形苞片，外面密被短柔毛。萼片三角卵形，顶端急尖，副萼片带形或披针形，顶端尖，比萼片短约一半且狭窄，外面被短柔毛及少数绢状柔毛。花瓣黄色，宽倒卵形，顶端微凹，比萼片稍长。花柱近顶生，基部微扩大，稍有乳头或不明显，柱头扩大。瘦果卵球形，深褐色，有明显皱纹。花果期 4 ~ 10 月。

分布与生境

产于黑龙江、吉林、辽宁、内蒙古、河北、山西、陕西、甘肃、山东、河南、江苏、安徽、江西、湖北、湖南、台湾、广东、广西、四川、贵州、云南、西藏。生于山坡草地、沟谷、林缘、灌丛或疏林下，海拔 400 ~ 3 200 m。俄罗斯（远东地区）、日本、朝鲜均有分布。

经济用途

本种根含鞣质，可提制栲胶。全草入药，能清热解毒、止血、止痢。嫩苗可食并可做猪饲料。

193 合 欢

学名： *Albizia julibrissin* Durazz. **科名：** 豆科 **属名：** 合欢属

识别特征

落叶乔木，树冠开展。小枝有棱角，嫩枝、花序和叶轴被绒毛或短柔毛。托叶线状披针形，较小叶小，早落。二回羽状复叶，总叶柄近基部及最顶一对羽片着生处各有1枚腺体。羽片4～12对，栽培的有时达20对。小叶10～30对，线形至长圆形，向上偏斜，先端有小尖头，有缘毛，有时在下面或仅中脉上有短柔毛。中脉紧靠上边缘。头状花序于枝顶排成圆锥花序。花粉红色。花萼管状。花冠裂片三角形，花萼、花冠外均被短柔毛。荚果带状，嫩荚有柔毛，老荚无毛。花期6～7月，果期8～10月。

分布与生境

产于我国东北至华南及西南部各省区。生于山坡或栽培。非洲、中亚至东亚均有分布。北美亦有栽培。

经济用途

本种生长迅速，能耐砂质土及干燥气候，开花如绒簇，十分可爱，常植为城市行道树、观赏树。心材黄灰褐色，边材黄白色，耐久，多用于制家具。嫩叶可食，老叶可以洗衣服。树皮供药用，有驱虫之效。

194 槐

学名： *Styphnolobium japonicum* (L.) Schott **科名：** 豆科 **属名：** 槐属

识别特征

乔木，树皮灰褐色，具纵裂纹。当年生枝绿色，无毛，羽状复叶。叶轴初被疏柔毛，旋即脱净。叶柄基部膨大，包裹着芽。托叶形状多变，有时呈卵形，叶状，有时线形或钻状，早落。小叶 4 ~ 7 对，对生或近互生，纸质，卵状披针形或卵状长圆形，先端渐尖，具小尖头，基部宽楔形或近圆形，稍偏斜，下面灰白色，初被疏短柔毛，旋变无毛。小托叶 2 枚，钻状。圆锥花序顶生，常呈金字塔形。花梗比花萼短。小苞片 2 枚，形似小托叶。花萼浅钟状，萼齿 5，近等大，圆形或钝三角形，被灰白色短柔毛，萼管近无毛。花冠白色或淡黄色，旗瓣近圆形，具短柄，有紫色脉纹，先端微缺，基部浅心形，翼瓣卵状长圆形，先端浑圆，基部斜戟形，无皱褶，龙骨瓣阔卵状长圆形，与翼瓣等长。雄蕊近分离，宿存。子房近无毛。荚果串珠状，种子间缢缩不明显，种子排列较紧密，具肉质果皮，成熟后不开裂，具种子 1 ~ 6 粒。种子卵球形，淡黄绿色，干后黑褐色。花期 7 ~ 8 月，果期 8 ~ 10 月。

分布与生境

原产于中国，现南北各省区广泛栽培，华北和黄土高原地区尤为多见。日本、越南也有分布，朝鲜并见有野生，欧洲、美洲各国均有引种。

经济用途

树冠优美，花芳香，是行道树和优良的蜜源植物。花和荚果入药，有清凉收敛、止血降压作用。叶和根皮有清热解毒作用，可治疗疮毒。木材供建筑用。本种由于生境不同，或由于人工选育结果，形态多变，产生许多变种和变型。

195 马鞍树

学名： *Maackia hupehensis* Takeda **科名：** 豆科 **属名：** 马鞍树属

识别特征

乔木，树皮绿灰色或灰黑褐色，平滑。幼枝及芽被灰白色柔毛，老枝紫褐色，毛脱落。芽多少被毛。羽状复叶，上部的对生，下部的近对生，卵形、卵状椭圆形或椭圆形，先端钝，基部宽楔形或圆形，上面无毛，下面密被平伏褐色短柔毛，中脉尤密，后逐渐脱落，多少被毛。总花梗密被淡黄褐色柔毛。花密集，纤细，密被锈褐色毛。苞片锥形。花冠白色，旗瓣圆形或椭圆形，龙骨瓣基部一侧有耳。子房密被白色长柔毛，胚珠 6 粒。荚果阔椭圆形或长椭圆形，扁平，褐色，幼时果瓣外面被毛，后脱落，与果序均密生淡褐色毛。种子椭圆状微肾形，黄褐色有光泽。花期 6 ~ 7 月，果期 8 ~ 9 月。

分布与生境

产于陕西、江苏、安徽、浙江、江西、河南、湖北、湖南、四川。生于山坡、溪边、谷地，海拔 550 ~ 2 300 m。

经济用途

良好的行道树种，也可栽植于池边、溪畔、山坡作为风景树种。木材致密，稍坚重，可作建筑或家具材料。

196 紫 荆

学名：*Cercis chinensis* Bunge **科名：**豆科 **属名：**紫荆属

识别特征

丛生或单生灌木，树皮和小枝灰白色。叶纸质，近圆形或三角状圆形，先端急尖，基部浅至深心形，两面通常无毛，嫩叶绿色，仅叶柄略带紫色，叶缘膜质透明，新鲜时明显可见。花紫红色或粉红色，2 ～ 10 余朵成束，簇生于老枝和主干上，尤以主干上花束较多，越到上部幼嫩枝条则花越少，通常先于叶开放，但嫩枝或幼株上的花则与叶同时开放。龙骨瓣基部具深紫色斑纹。子房嫩绿色，花蕾时光亮无毛，后期则密被短柔毛，有胚珠 6 ～ 7 颗。荚果扁狭长形，绿色，先端急尖或短渐尖，喙细而弯曲，基部长渐尖，两侧缝线对称或近对称。种子 2 ～ 6 颗，阔长圆形，黑褐色，光亮。花期 3 ～ 4 月，果期 8 ～ 10 月。

分布与生境

产于我国东南部，北至河北，南至广东、广西，西至云南、四川，西北至陕西，东至浙江、江苏和山东等省（区）。为一常见的栽培植物，多植于庭园、屋旁、寺街边，少数生于密林或石灰岩地区。

经济用途

是一美丽的木本花卉植物。树皮可入药，有清热解毒、活血行气、消肿止痛之功效，可治产后血气痛、疔疮肿毒、喉痹。花可治风湿筋骨痛。

197 苏木蓝

学名： *Indigofera carlesii* Craib. **科名：** 豆科 **属名：** 木蓝属

识别特征

灌木，茎直立，幼枝具棱，后呈圆柱形，幼时疏生白色丁字毛。羽状复叶，叶轴上面有浅槽，被紧贴白色丁字毛，后多少变无毛。托叶线状披针形，早落。小叶对生，稀互生，坚纸质，椭圆形或卵状椭圆形，稀阔卵形，先端钝圆，有针状小尖头，基部圆钝或阔楔形，上面绿色，下面灰绿色，两面密被白色短丁字毛，中脉上面凹入，下面隆起，侧脉 6 ~ 10 对，下面较上面明显。小托叶钻形，与小叶柄等长或略长，均被白色毛。花序轴有棱，被疏短丁字毛。苞片卵形，早落。花萼杯状，外面被白色丁字毛，萼齿披针形，下萼齿与萼筒等长。花冠粉红色或玫瑰红色，旗瓣近椭圆形，先端圆形，外面被毛，翼瓣长 1.3 cm，边缘有睫毛，龙骨瓣与翼瓣等长，有缘毛。花药卵形，两端有髯毛。子房无毛。荚果褐色，线状圆柱形，顶端渐尖，近无毛，果瓣开裂后旋卷，内果皮具紫色斑点。果梗平展。花期 4 ~ 6 月，果期 8 ~ 10 月。

分布与生境

产于陕西、江苏、安徽、江西、河南、湖北。生于山坡路旁及丘陵灌丛中，海拔 500 ~ 1 000 m。模式标本采自江苏镇江。

经济用途

根供药用，有清热补虚的效果。

198 华东木蓝

学名：*Indigofera fortunei* Craib **科名：**豆科 **属名：**木蓝属

识别特征

灌木，茎直立，灰褐色或灰色，分枝有棱。无毛。羽状复叶，叶轴上面具浅槽，叶轴和小柄均无毛。托叶线状披针形，早落。小叶 3 ~ 7 对，对生，间有互生，卵形、阔卵形、卵状椭圆形或卵状披针形，先端钝圆或急尖，微凹，有小尖头，基部圆形或阔楔形，幼时在下面中脉及边缘疏被丁字毛，后脱落变无毛，中脉上面凹入，下面隆起，细脉明显。小托叶钻形，与小叶柄等长或较长。总花梗常短于叶柄，无毛。苞片卵形，早落。花萼斜杯状，外面疏生丁字毛，萼齿三角形，最下萼齿稍长。花冠紫红色或粉红色，旗瓣倒阔卵形，先端微凹，外面密生短柔毛。花药阔卵形，顶端有小凸尖，两端有髯毛。子房无毛，有胚珠 10 余粒。荚果褐色，线状圆柱形，无毛，开裂后果瓣旋卷。内果皮具斑点。花期 4 ~ 5 月，果期 5 ~ 9 月。

分布与生境

产于安徽、江苏、浙江、湖北。生于山坡疏林或灌丛中，海拔 200 ~ 800 m。

经济用途

以根和叶入药，有清热解毒、消肿止痛的功效。

199 刺 槐

学名： *Robinia pseudoacacia* L. **科名：** 豆科 **属名：** 刺槐属

识别特征

落叶乔木，树皮灰褐色至黑褐色，浅裂至深纵裂，稀光滑。小枝灰褐色，幼时有棱脊，微被毛，后无毛。具托叶刺，冬芽小，被毛。羽状复叶，叶轴上面具沟槽。小叶 2 ~ 12 对，常对生，椭圆形、长椭圆形或卵形，先端圆，微凹，具小尖头，基部圆形至阔楔形，全缘，上面绿色，下面灰绿色，幼时被短柔毛，后变无毛。小托叶针芒状，总状花序腋生，下垂，花多数，芳香。苞片早落。花萼斜钟状，萼齿 5，三角形至卵状三角形，密被柔毛。花冠白色，各瓣均具瓣柄，旗瓣近圆形，先端凹缺，基部圆，反折，内有黄斑，翼瓣斜倒卵形，与旗瓣几等长，基部一侧具圆耳，龙骨瓣镰状，三角形，与翼瓣等长或稍短，前缘合生，先端钝尖。雄蕊二体，对旗瓣的 1 枚分离。子房线形，无毛，花柱钻形，上弯，顶端具毛，柱头顶生。荚果褐色，或具红褐色斑纹，线状长圆形，扁平，先端上弯，具尖头，果颈短，沿腹缝线具狭翅。花萼宿存，有种子 2 ~ 15 粒。种子褐色至黑褐色，微具光泽，有时具斑纹，近肾形，种脐圆形，偏于一端。花期 4 ~ 6 月，果期 8 ~ 9 月。

分布与生境

原产于美国东部，17 世纪传入欧洲及非洲。我国于 18 世纪末从欧洲引入青岛栽培，现全国各地广泛栽植。

经济用途

本种根系浅而发达，易风倒，适应性强，为优良固沙保土树种。华北平原的黄淮流域有较多的成片造林，其他地区多为零星栽植，习见为行道树。材质硬重，抗腐耐磨，宜作枕木、车辆、建筑、矿柱等多种用材。生长快，萌芽力强，既是速生薪炭林树种，又是优良的蜜源植物。

200 红花锦鸡儿

学名：*Caragana rosea* Turcz. ex Maxim.　**科名：**豆科　**属名：**锦鸡儿属

识别特征

灌木，树皮绿褐色或灰褐色，小枝细长，具条棱，托叶在长枝者成细针刺，短枝者脱落。脱落或宿存成针刺。叶假掌状。小叶 4，楔状倒卵形，先端圆钝或微凹，具刺尖，基部楔形，近革质，上面深绿色，下面淡绿色，无毛，有时小叶边缘、小叶柄、小叶下面沿脉被疏柔毛。花梗单生，关节在中部以上，无毛。花萼管状，不扩大或仅下部稍扩大，常紫红色，萼齿三角形，渐尖，内侧密被短柔毛。花冠黄色，常紫红色或全部淡红色，凋时变为红色，旗瓣长圆状倒卵形，先端凹入，基部渐狭成宽瓣柄，翼瓣长圆状线形，瓣柄较瓣片稍短，耳短齿状，龙骨瓣的瓣柄与瓣片近等长，耳不明显。子房无毛。荚果圆筒形，具渐尖头。花期 4 ~ 6 月，果期 6 ~ 7 月。

分布与生境

产于东北、华北、华东及河南、甘肃南部。生于山坡及沟谷。

经济用途

枝繁叶茂，花冠蝶形，黄色带红，形似金雀，花、叶、枝可供观赏，园林中可丛植于草地或配植于坡地、山石旁，或作地被植物。

201 锦鸡儿

学名： *Caragana sinica* (Buc'hoz) Rehd. **科名：** 豆科 **属名：** 锦鸡儿属

识别特征

灌木，树皮深褐色。小枝有棱，无毛。托叶三角形，硬化成针刺。叶轴脱落或硬化成针刺。小叶 2 对，羽状，有时假掌状，上部 1 对常较下部的为大，厚革质或硬纸质，倒卵形或长圆状倒卵形，先端圆形或微缺，具刺尖或无刺尖，基部楔形或宽楔形，上面深绿色，下面淡绿色。花单生，中部有关节。花萼钟状，基部偏斜。花冠黄色，常带红色，旗瓣狭倒卵形，具短瓣柄，翼瓣稍长于旗瓣，瓣柄与瓣片近等长，耳短小，龙骨瓣宽钝。子房无毛。荚果圆筒状。花期 4 ~ 5 月，果期 7 月。

分布与生境

产于河北、陕西、江苏、江西、浙江、福建、河南、湖北、湖南、广西北部、四川、贵州、云南。生于山坡和灌丛。

经济用途

供观赏或做绿篱。根皮供药用，能祛风活血、舒筋、除湿利尿、止咳化痰。

202 细梗胡枝子

学名： *Lespedeza virgata* (Thunb.) DC. **科名：** 豆科 **属名：** 胡枝子属

识别特征

小灌木，基部分枝，枝细，带紫色，被白色伏毛。托叶线形。羽状复叶具3小叶。小叶椭圆形、长圆形或卵状长圆形，稀近圆形，先端钝圆，有时微凹，有小刺尖，基部圆形，边缘稍反卷，上面无毛，下面密被伏毛，侧生小叶较小。叶柄被白色伏柔毛。总状花序腋生，通常具3朵稀疏的花。总花梗纤细，毛发状，被白色伏柔毛，显著超出叶。苞片及小苞片披针形，被伏毛。花梗短。花萼狭钟形，基部有紫斑，翼瓣较短，龙骨瓣长于旗瓣或近等长。闭锁花簇生于叶腋，无梗，结实。荚果近圆形，通常不超出萼。花期7～9月，果期9～10月。

分布与生境

产自辽宁南部经华北、陕西、甘肃至长江流域各省。生于海拔800 m以下的石山山坡。朝鲜、日本也有分布。

经济用途

以全草入药，主治慢性肾炎、疟疾、关节炎、中暑等症。

203 多花胡枝子

学名： *Lespedeza floribunda* Bunge **科名：** 豆科 **属名：** 胡枝子属

识别特征

小灌木，根细长。茎常近基部分枝。枝有条棱，被灰白色绒毛。托叶线形，先端刺芒状。羽状复叶具3小叶。小叶具柄，倒卵形、宽倒卵形或长圆形，先端微凹、钝圆或近截形，具小刺尖，基部楔形，上面被疏伏毛，下面密被白色伏柔毛。侧生小叶较小。总状花序腋生。总花梗细长，显著超出叶。花多数。小苞片卵形，先端急尖。花萼被柔毛，5裂，上方2裂片下部合生，上部分离，裂片披针形或卵状披针形，先端渐尖。花冠紫色、紫红色或蓝紫色，旗瓣椭圆形，先端圆形，基部有柄，翼瓣稍短，龙骨瓣长于旗瓣，钝头。荚果宽卵形，超出宿存萼，密被柔毛，有网状脉。花期6～9月，果期9～10月。

分布与生境

产于辽宁（西部及南部）、河北、山西、陕西、宁夏、甘肃、青海、山东、江苏、安徽、江西、福建、河南、湖北、广东、四川等省（区）。生于海拔1 300 m以下的石质山坡。

经济用途

全草或根入药，味甘、涩，性凉，归肝、胃经，具有消积散瘀、截疟的功效。主治小儿疳积、疟疾等疾病。在环境保护方面，可作为防风固沙造林树栽植。在经济价值方面，可作饲料及绿肥。

204 截叶铁扫帚

学名： *Lespedeza cuneata* (Dum.-Cours.) G. Don **科名：** 豆科 **属名：** 胡枝子属

识别特征

小灌木，茎直立或斜生，被毛，上部分枝。分枝斜上举。叶密集，柄短。小叶楔形或线状楔形，先端截形或近截形，具小刺尖，基部楔形，上面近无毛，下面密被伏毛。总状花序腋生，具 2 ~ 4 朵花。总花梗极短。小苞片卵形或狭卵形，先端渐尖，背面被白色伏毛，边具缘毛。花萼狭钟形，密被伏毛，5 深裂，裂片披针形。花冠淡黄色或白色，旗瓣基部有紫斑，有时龙骨瓣先端带紫色，翼瓣与旗瓣近等长，龙骨瓣稍长。闭锁花簇生于叶腋。荚果宽卵形或近球形，被伏毛。花期 7 ~ 8 月，果期 9 ~ 10 月。

分布与生境

产于陕西、甘肃、山东、台湾、河南、湖北、湖南、广东、四川、云南、西藏等省(区)。生于海拔 2 500 m 以下的山坡路旁。朝鲜、日本、印度、巴基斯坦、阿富汗及澳大利亚也有分布。

经济用途

全株可入药，能活血清热、利尿解毒，兽药用作治牛痢疾，可作饲料。其味苦、辛，性平，主治补肝肾、益肺阴、散瘀消肿等病症。

205 春花胡枝子

学名： *Lespedeza dunnii* Schindl. **科名：** 豆科 **属名：** 胡枝子属

识别特征

直立灌木，微具条棱，被疏短柔毛，分枝多，被微柔毛或绒毛。托叶钻形，基部宽，红褐色，被疏柔毛。叶柄被黄或白色柔毛。小叶长倒卵形或卵状椭圆形，先端圆或微凹，具短刺尖，基部圆形，上面被疏柔毛，下面被长柔毛或丝状毛。总状花序腋生，比叶长，密被短而开展的绒毛。小苞片 2，卵状披针形，红褐色，具凸起的脉纹，外面被短柔毛。花梗密被毛。花萼钟状，5 深裂，裂片线状披针形，密被短柔毛。花冠紫红色，旗瓣倒卵形，先端微凹，基部具短柄，翼瓣长圆形，具耳和柄，比旗瓣和龙骨瓣稍短，龙骨瓣斜倒卵形，先端钝，基部具瓣柄，与旗瓣近等长。子房椭圆形，具短柄，密被毛。荚果长圆状椭圆形，两端尖，具长喙，密被短柔毛。花期 4 ~ 5 月，果期 6 ~ 7 月。

分布与生境

产于安徽、福建等省。生于海拔 800 m 的针叶林下或山坡路旁。

经济用途

枝叶用作药材，药性苦寒，有清热解毒的功效。可治急性阑尾炎。

206 紫花野百合

学名： *Crotalaria sessiliflora* L.　**科名：** 豆科　**属名：** 猪屎豆属

识别特征

直立草本，基部常木质，单株或茎上分枝，被紧贴粗糙的长柔毛。托叶线形，宿存或早落。单叶，叶片形状常变异较大，通常为线形或线状披针形，两端渐尖，上面近无毛，下面密被丝质短柔毛。叶柄近无。总状花序顶生、腋生或密生枝顶形似头状，亦有叶腋生出单花，花1至多数。苞片线状披针形，小苞片与苞片同形，成对生于萼筒部基部。花梗短，花萼二唇形，密被棕褐色长柔毛，萼齿阔披针形，先端渐尖。花冠蓝色或紫蓝色，包被萼内，旗瓣长圆形，先端钝或凹，基部具胼胝体二枚，翼瓣长圆形或披针状长圆形，约与旗瓣等长，龙骨瓣中部以上变狭，形成长喙。子房无柄。荚果短圆柱形，苞被萼内，下垂紧贴于枝，秃净无毛。种子10 ~ 15颗。花果期5月至翌年2月。

分布与生境

产于辽宁、河北、山东、江苏、安徽、浙江、江西、福建、台湾、湖南、湖北、广东、海南、广西、四川、贵州、云南、西藏。生于荒地路旁及山谷草地，海拔70 ~ 1 500 m。分布于中南半岛、南亚、太平洋诸岛及朝鲜、日本等地区。

经济用途

本种可供药用，有清热解毒、消肿止痛、破血除瘀等效用，治风湿麻痹、跌打损伤、疮毒、疥癣等症。抗癌功效同大猪屎豆。

207 白花草木樨

学名： *Melilotus albus* Desr. **科名：** 豆科 **属名：** 草木樨属

识别特征

一、二年生草本，茎直立，圆柱形，中空，多分枝，几无毛。羽状三出复叶。托叶尖刺状锥形，全缘。叶柄比小叶短，纤细。小叶长圆形或倒披针状长圆形，先端钝圆，基部楔形，边缘疏生浅锯齿，上面无毛，下面被细柔毛，侧脉 12 ~ 15 对，平行直达叶缘齿尖，两面均不隆起，顶生小叶稍大，具较长小叶柄，侧小叶柄短。总状花序，腋生，具花 40 ~ 100 朵，排列疏松。苞片线形。花梗短。萼钟形，微被柔毛，萼齿三角状披针形，短于萼筒。花冠白色，旗瓣椭圆形，稍长于翼瓣，龙骨瓣与冀瓣等长或稍短。子房卵状披针形，上部渐窄至花柱，无毛，胚珠 3 ~ 4 粒。荚果椭圆形至长圆形，先端锐尖，具尖喙表面脉纹细，网状，棕褐色，老熟后变黑褐色。有种子 1 ~ 2 粒。种子卵形，棕色，表面具细瘤点。花期 5 ~ 7 月，果期 7 ~ 9 月。

分布与生境

产于东北、华北、西北及西南各地。生于田边、路旁荒地及湿润的沙地。欧洲地中海沿岸、中东、西南亚、中亚及西伯利亚均有分布。

经济用途

本种适应北方气候，生长旺盛，是优良的饲料植物与绿肥。现已广泛引种到北美洲。有一年生、二年生从生类型和许多栽培品系。

208 紫苜蓿

学名： *Medicago sativa* L. **科名：** 豆科 **属名：** 苜蓿属

识别特征

多年生草本，茎直立、丛生以至平卧，四棱形，无毛或微被柔毛。羽状三出复叶，托叶大，卵状披针形。叶柄比小叶短。小叶长卵形、倒长卵形或线状卵形，等大，或顶生小叶稍大，边缘1/3以上具锯齿，上面无毛，下面被贴伏柔毛，侧脉8 ~ 10对。顶生小叶柄比侧生小叶柄稍长。花序总状或头状，具5 ~ 10花。花序梗比叶长。苞片线状锥形，比花梗长或等长。花萼钟形，萼齿比萼筒长。花冠淡黄、深蓝色或暗紫色，花瓣均具长瓣柄，旗瓣长圆形，明显长于翼瓣和龙骨瓣，龙骨瓣稍短于翼瓣。子房线形，具柔毛，花柱短宽，柱头点状，胚珠多数。荚果螺旋状，紧卷2 ~ 6圈，中央无孔或近无孔，脉纹细，不清晰，有10 ~ 20粒种子。种子卵圆形，平滑。花期5 ~ 7月，果期6 ~ 8月。

分布与生境

国内产地：全国各地都有栽培或呈半野生状态。生境：田边、路旁、旷野、草原、河岸及沟谷等地。

经济用途

欧亚大陆和世界各国广泛种植为饲料与牧草。

209 南苜蓿

学名： *Medicago polymorpha* L. **科名：** 豆科 **属名：** 苜蓿属

识别特征

一、二年生草本，茎平卧、上升或直立，近四棱形，基部分枝，无毛或微被毛。羽状三出复叶，托叶大，卵状长圆形，先端渐尖，基部耳状，边缘具不整齐条裂，成丝状细条或深齿状缺刻，脉纹明显。叶柄柔软、细长，上面具浅沟。小叶倒卵形或三角状倒卵形，几等大，纸质，先端钝，近截平或凹缺，具细尖，基部阔楔形，边缘在1/3以上具浅锯齿，上面无毛，下面被疏柔毛，无斑纹。花序头状伞形，具花（1）2 ~ 10朵。总花梗腋生，纤细无毛，通常比叶短，花序轴先端不呈芒状尖。苞片甚小，尾尖。萼钟形，萼齿披针形，与萼筒近等长，无毛或稀被毛。花冠黄色，旗瓣倒卵形，先端凹缺，基部阔楔形，比翼瓣和龙骨瓣长，翼瓣长圆形，基部具耳和稍阔的瓣柄，齿突甚发达，龙骨瓣比翼瓣稍短，基部具小耳，呈钩状。子房长圆形，镰状上弯，微被毛。荚果盘形，暗绿褐色。种子长肾形，棕褐色，平滑。花期3 ~ 5月，果期5 ~ 6月。

分布与生境

产于长江流域以南各省区，以及陕西、甘肃、贵州、云南。常栽培或呈半野生状态。欧洲南部、西南亚均有分布，并引种到美洲、大洋洲。

经济用途

性平味苦，有清热利湿、舒筋活血的功效。据《日华子本草》载："凉，去腹脏邪气，脾胃间热气，通小肠。"另外，它有助于治湿热黄疸、尿路结石、目黄赤及夜盲症等。南苜蓿茎叶柔嫩，嫩叶可食用，粗蛋白质含量高，粗纤维含量少，营养价值高，是很好的饲料植物。

210 小苜蓿

学名： *Medicago minima* (L.) Grufb. **科名：** 豆科 **属名：** 苜蓿属

识别特征

一年生草本，全株被伸展柔毛，偶杂有腺毛。主根粗壮，深入土中。茎铺散，平卧并上升，基部多分枝羽状三出复叶。托叶卵形，先端锐尖，基部圆形，全缘或不明浅齿。叶柄细柔。小叶倒卵形，纸质，先端圆或凹缺，具细尖，基部楔形，边缘1/3以上具锯齿，两面均被毛。花序头状，疏松。总花梗细，挺直，腋生，通常比叶长，有时甚短。苞片细小，刺毛状。花梗甚短或无梗。萼钟形，密被柔毛，萼齿披针形，不等长，与萼筒等长或稍长。花冠淡黄色，旗瓣阔卵形，显著比翼瓣和龙骨瓣长。荚果球形，旋转3～5圈，边缝具3条棱，被长棘刺，通常长等于半径，水平伸展，尖端钩状。种子每圈有1～2粒。种子长肾形，棕色，平滑。花期3～4月，果期4～5月。

分布与生境

产于黄河流域及长江以北各省区。生于荒坡、沙地、河岸。欧亚大陆、非洲广泛分布，传播到美洲。

经济用途

小苜蓿是一种很好的饲料，其嫩茎叶从2月到6月都可以采收，猪、羊、小家畜都喜欢吃，同时也是一种良好的绿肥植物。其营养价值极高，除富含蛋白质外，还有多种维生素和脂肪酸。另外，它有极发达的根系，能与根瘤菌共生，产氮量颇高，能够改善土壤，提高土地的肥力。

211 白三叶

学名：*Trifolium repens* L.　**科名：**豆科　**属名：**车轴草属

识别特征

短期多年生草本，生长期达5年，主根短，侧根和须根发达。茎匍匐蔓生，上部稍上升，节上生根，全株无毛。掌状三出复叶。托叶卵状披针形，膜质，基部抱茎呈鞘状，离生部分锐尖。小叶倒卵形至近圆形，先端凹头至钝圆，基部楔形渐窄至小叶柄，中脉在下面隆起，侧脉约13对，与中脉作50°角展开，两面均隆起，近叶边分叉并伸达锯齿齿尖。小叶柄微被柔毛。花序球形，顶生。总花梗甚长，比叶柄长近1倍。无总苞。苞片披针形，膜质，锥尖。花梗比花萼稍长或等长，开花立即下垂。萼钟形，具脉纹10条，萼齿5，披针形，稍不等长，短于萼筒，萼喉开张，无毛。花冠白色、乳黄色或淡红色，具香气。旗瓣椭圆形，比翼瓣和龙骨瓣长近1倍，龙骨瓣比翼瓣稍短。子房线状长圆形，花柱比子房略长，胚珠3～4粒。荚果长圆形。种子阔卵形。花果期5～10月。

分布与生境

原产于欧洲和北非，世界各地均有栽培。我国常见于种植，并在湿润草地、河岸、路边呈半自生状态。

经济用途

本种为优良牧草，含丰富的蛋白质和矿物质，抗寒耐热，在酸性和碱性土壤上均能适应，是本属植物中在我国很有推广前途的种。可作为绿肥、堤岸防护草种、草坪装饰，以及蜜源和药材等用。国外学者常把本种从地理上、形态上的差异分成一些亚种、变种，以及农业上育成的栽培品种。

212 红三叶

学名：*Trifolium pratense* L. **科名：**豆科 **属名：**车轴草属

识别特征

短期多年生草本，生长期 2 ~ 5（~ 9）年。主根深入土层达 1 m。茎粗壮，具纵棱，直立或平卧上升，疏生柔毛或秃净。掌状三出复叶。托叶近卵形，膜质，每侧具脉纹 8 ~ 9 条，基部抱茎，先端离生部分渐尖，具锥刺状尖头。叶柄较长，茎上部的叶柄短，被伸展毛或秃净。小叶卵状椭圆形至倒卵形，先端钝，有时微凹，基部阔楔形，两面疏生褐色长柔毛，叶面上常有“V”字形白斑，侧脉约 15 对，作 20° 角展开在叶边处分叉隆起，伸出形成不明显的钝齿。小叶柄短。花序球状或卵状，顶生。无总花梗或具甚短总花梗，包于顶生叶的托叶内，托叶扩展成焰苞状，具花 30 ~ 70 朵，密集。几无花梗。萼钟形，被长柔毛，具脉纹 10 条，萼齿丝状，锥尖，比萼筒长，最下方 1 齿比其余萼齿长 1 倍，萼喉开张，具一多毛的加厚环。花冠紫红色至淡红色，旗瓣匙形，先端圆形，微凹缺，基部狭楔形，明显比翼瓣和龙骨瓣长，龙骨瓣稍比翼瓣短。子房椭圆形，花柱丝状细长，胚珠 1 ~ 2 粒。荚果卵形。通常有 1 粒扁圆形种子。花果期 5 ~ 9 月。

分布与生境

原产于欧洲中部，引种到世界各国。我国南北各省区均有种植，并见逸生于林缘、路边、草地等湿润处。

经济用途

含有黄酮类物质、蛋白质、氨基酸、糖类和维生素等成分。其中异黄酮具有植物雌激素作用和黄酮类物质的抗癌作用。

213 两型豆

学名： *Amphicarpaea edgeworthii* Benth. **科名：** 豆科 **属名：** 两型豆属

识别特征

一年生缠绕草本。茎纤细，被淡褐色柔毛。叶具羽状3小叶。托叶小，披针形或卵状披针形，具明显线纹。小叶薄纸质或近膜质，顶生小叶菱状卵形或扁卵形，稀更大或更宽，先端钝或有时短尖，常具细尖头，基部圆形、宽楔形或近截平，上面绿色，下面淡绿色，两面常被贴伏的柔毛，基出脉3，纤细，小叶柄短。小托叶极小，常早落，侧生小叶稍小，常偏斜。花二型：生在茎上部的为正常花，排成腋生的短总状花序，有花2～7朵，各部被淡褐色长柔毛。苞片近膜质，卵形至椭圆形，具线纹多条，腋内通常具花一朵。花梗纤细。花萼管状，5裂，裂片不等。花冠淡紫色或白色，各瓣近等长，旗瓣倒卵形，具瓣柄，两侧具内弯的耳，翼瓣长圆形亦具瓣柄和耳，龙骨瓣与翼瓣近似，先端钝，具长瓣柄。雄蕊二体，子房被毛。另生于下部为闭锁花，无花瓣，柱头弯至与花药接触，子房伸入地下结实。荚果二型：生于茎上部的完全花结的荚果为长圆形或倒卵状长圆形，扁平，微弯，被淡褐色柔毛，以背、腹缝线上的毛较密。种子2～3粒，肾状圆形，黑褐色，种脐小。由闭锁花伸入地下结的荚果呈椭圆形或近球形，不开裂，内含1粒种子。花、果期8～11月。

分布与生境

产于东北、华北至陕西、甘肃及江南各省。常生于海拔300～1 800 m的山坡路旁及旷野草地上。俄罗斯、朝鲜、日本、越南、印度亦有分布。

经济用途

种子可入药，用于医治妇科病。两型豆地上、地下部分都结种子，种子含异黄酮类化合物，具抗炎、抗氧化、抗肿瘤、抗菌等作用。

214 山黑豆

学名： *Dumasia truncata Sieb.* et Zucc. **科名：** 豆科 **属名：** 山黑豆属

识别特征

攀缘状缠绕草本。茎纤细，具细纵纹，通常无毛。叶具羽状 3 小叶。托叶小，线状披针形，具 3 脉。叶柄纤细，无毛。小叶膜质，长卵形或卵形，稀更长或更宽，先端钝或近圆形，有时微凹，具小凸尖，基部截形或圆形，侧生小叶略小，基部略偏斜，通常两面无毛，上面绿色，下面淡绿色。中脉在两面凸起，侧脉纤细，每边 5 ～ 7 条，最下面一对靠近基部边缘，通常稍长和明显。小托叶刚毛状。小叶柄无毛。总状花序腋生，纤细，通常无毛。总花梗短。苞片和小苞片细小。花萼管状，膜质，淡绿色，管口斜截形，无毛。花冠黄色或淡黄色，旗瓣椭圆形至微倒卵形，具瓣柄和耳。翼瓣和龙骨瓣近椭圆形，微弯，稍短于旗瓣，但远较旗瓣小，具长瓣柄，基部一侧略具耳，雄蕊二体。子房线状倒披针形，无毛，胚珠通常 3 ～ 5 颗，花柱纤细，无毛。荚果倒披针形至披针状椭圆形，略膨，先端具喙，基部渐狭成短果颈。种子通常 3 ～ 5 粒，扁球形，黑褐色。花期 8 ～ 9 月，果期 10 ～ 11 月。

分布与生境

产于浙江、安徽、湖北。常生于海拔 380 ～ 1 000 m 的山地路旁潮湿地。日本亦有分布。

经济用途

多含三萜类、黄酮类成分，在民间常用于治疗肠胃炎、发热及高血压等，现代研究亦表明，其叶提取物具有较高的抗氧化性。

215 菱叶鹿藿

学名： *Rhynchosia dielsii* Harms　**科名：** 豆科　**属名：** 鹿藿属

识别特征

缠绕草本，茎纤细，通常密被黄褐色长柔毛或有时混生短柔毛。叶具羽状 3 小叶。托叶小，披针形。叶柄被短柔毛，顶生小叶卵形、卵状披针形、宽椭圆形或菱状卵形，先端渐尖或尾状渐尖，基部圆形，两面密被短柔毛，下面有松脂状腺点，基出脉 3，侧生小叶稍小，斜卵形。小托叶刚毛状。小叶柄均被短柔毛。总状花序腋生，被短柔毛。苞片披针形，脱落。花疏生，黄色。花萼 5 裂，裂片三角形，下面一裂片较长，密被短柔毛。花冠各瓣均具瓣柄，旗瓣倒卵状圆形，基部两侧具内弯的耳，翼瓣狭长椭圆形，具耳，其中一耳较长而弯，另一耳短小，龙骨瓣具长喙，基部一侧具钝耳。荚果长圆形或倒卵形，扁平，成熟时红紫色，被短柔毛。种子 2 粒，近圆形。花期 6 ~ 7 月，果期 8 ~ 11 月。

分布与生境

产于四川、贵州、陕西、河南、湖北、湖南、广东、广西等省（区）。常生于海拔 600 ~ 2 100 m 的山坡、路旁灌丛中。

经济用途

茎叶或根供药用，祛风解热。主治小儿风热咳嗽、各种惊风，用量 3 ~ 9 g，煎服。注意：无热者忌用。多服致哑。

216 窄叶野豌豆

学名：*Vicia sativa* subsp. *nigra* Ehrhart　**科名：**豆科　**属名：**野豌豆属

识别特征

一年生或二年生草本，茎斜生、蔓生或攀缘，多分枝，被疏柔毛。偶数羽状复叶，叶轴顶端卷须发达。托叶半箭头形或披针形，有 2 ～ 5 齿，被微柔毛。小叶 4 ～ 6 对，线形或线状长圆形，先端平截或微凹，具短尖头，基部近楔形，叶脉不甚明显，两面被浅黄色疏柔毛。花 1 ～ 2（3 ～ 4）腋生，有小苞叶。花萼钟形，萼齿 5，三角形，外面被黄色疏柔毛。花冠红色或紫红色，旗瓣倒卵形，先端圆、微凹，有瓣柄，翼瓣与旗瓣近等长，龙骨瓣短于翼瓣。子房纺锤形，被毛，胚珠 5 ～ 8，子房柄短，花柱顶端具一束髯毛。荚果长线形，微弯，种皮黑褐色，革质，种脐线形，长相当于种子圆周 1/6。花期 3 ～ 6 月，果期 5 ～ 9 月。

分布与生境

产于西北、华东、华中、华南及西南各地。生于滨海至海拔 3 000 m 的河滩、山沟、谷地、田边草丛。欧洲、北非、亚洲亦有分布。现已广为栽培。

经济用途

为绿肥及牧草。亦为早春蜜源及观赏绿篱等。

217 长柔毛野豌豆

学名：*Vicia villosa* Roth　**科名：**豆科　**属名：**野豌豆属

识别特征

一年生草本，攀缘或蔓生，植株被长柔毛，茎柔软，有棱，多分枝。偶数羽状复叶，叶轴顶端卷须有2～3分支。托叶披针形或二深裂，呈半边箭头形。小叶通常5～10对，长圆形、披针形至线形，先端渐尖，具短尖头，基部楔形，叶脉不甚明显。总状花序腋生，与叶近等长或略长于叶。具花10～20朵，一面向着生于总花序轴上部。花萼斜钟形，萼齿5，近锥形，下面的三枚较长。花冠紫色、淡紫色或紫蓝色，旗瓣长圆形，中部缢缩，先端微凹。翼瓣短于旗瓣。龙骨瓣短于冀瓣。荚果长圆状菱形，侧扁，先端具喙。种子2～8粒，球形，表皮黄褐色至黑褐色，种脐长约等于种子圆周1/7。花果期4～10月。

分布与生境

产于东北、华北、西北、西南、山东、江苏、湖南、广东等地。各地有栽培。原产于欧洲、中亚。

经济用途

为优良牧草及绿肥作物。本种植物种子可提取植物凝血素，应用于免疫学、肿瘤生物学、细胞生物学及发育生物学，其研究及实验报告国内外均有报道。

218 确山野豌豆

学名： *Vicia kioshanica* Bailey **科名：** 豆科 **属名：** 野豌豆属

识别特征

多年生草本，根茎粗壮、多分枝。偶数羽状复叶顶端卷须单一或有分支。托叶半箭头形，2裂，有锯齿。小叶3～7对，近互生，革质，长圆形或线形，先端圆或渐尖，具短尖头，叶脉密集而清晰，侧脉10对，下面密被长柔毛，后渐脱落，叶全缘，背具极细微可见的白边。总状花序柔软而弯曲，明显长于叶。花萼钟状，萼齿披针形，外面疏被柔毛。具花6～16（～20）朵，疏松排列于花序轴上部，花冠紫色或紫红色，稀近黄色或红色，旗瓣长圆形，翼瓣与旗瓣近等长，龙骨瓣最短。子房线形，有柄，胚珠3～4，花柱上部四周被毛。荚果菱形或长圆形，深褐色。种子1～4粒，扁圆形，表皮黑褐色，种脐长约为种子圆周的1/3。花期4～6月，果期6～9月。

分布与生境

产于陕西、甘肃、河北、河南、山西、湖北、山东、江苏、安徽、浙江等省。生于海拔100～1 000 m的山坡、谷地、田边、路旁灌丛或湿草地。

经济用途

茎、叶嫩时可食，亦为饲料。药用有清热、消炎之效。

219 山野豌豆

学名： *Vicia amoena* Fisch. ex DC. **科名：** 豆科 **属名：** 野豌豆属

识别特征

多年生草本，植株被疏柔毛，稀近无毛。主根粗壮，须根发达。茎具棱，多分枝，细软，斜升或攀缘。偶数羽状复叶，几无柄，顶端卷须有 2 ~ 3 分支。托叶半箭头形，边缘有 3 ~ 4 裂齿。小叶 4 ~ 7 对，互生或近对生，椭圆形至卵披针形。先端圆，微凹，基部近圆形，上面被贴伏长柔毛，下面粉白色。沿中脉毛被较密，侧脉扇状展开直达叶缘。总状花序通常长于叶。花 10 ~ 20（ ~ 30）密集着生于花序轴上部。花冠红紫色、蓝紫色或蓝色，花期颜色多变。花萼斜钟状，萼齿近三角形，上萼齿明显短于下萼齿。旗瓣倒卵圆形，先端微凹，瓣柄较宽，翼瓣与旗瓣近等长，瓣片斜倒卵形，龙骨瓣短于翼瓣。子房无毛，胚珠 6，花柱上部四周被毛，荚果长圆形。两端渐尖，无毛。种子 1 ~ 6 粒，圆形。种皮革质，深褐色，具花斑。种脐内凹，黄褐色，长相当于种子周长的 1/3。花期 4 ~ 6 月，果期 7 ~ 10 月。

分布与生境

产于东北、华北、陕西、甘肃、宁夏、河南、湖北、山东、江苏、安徽等地。生于海拔 80 ~ 7 500 m 的草甸、山坡、灌丛或杂木林中。俄罗斯（西伯利亚及远东地区）、朝鲜、日本、蒙古亦有分布。

经济用途

为优良牧草，蛋白质可达 10.2％，牲畜喜食。民间药用称透骨草，有祛湿、清热解毒之效，为疮洗剂。本种繁殖迅速，再生力强，是防风、固沙、水土保持及绿肥作物之一。其花期长，色彩艳丽，亦可用于绿篱，荒山、园林绿化，建立人工草场和作为早春蜜源植物。

220 中华山黧豆

学名： *Lathyrus dielsianus* Harms **科名：** 豆科 **属名：** 山黧豆属

识别特征

多年生草本，高 80 ~ 100 cm，具纤细根状茎，直下或横走。茎圆柱状，具细沟纹，直立，无毛。托叶斜卵形，下缘常具齿，无毛；叶轴末端有具分支的卷须，小叶（2）3 ~ 4（ ~ 5）对，卵形到卵状披针形，稍不对称，长 3.5 ~ 4.5（ ~ 6.5）cm，宽 1.3 ~ 2（ ~ 3.3）cm，先端圆而微下凹，或渐尖而钝尖头，具细尖，基部楔形、宽楔形或有时圆，上面绿色，下面灰绿色，两面无毛，具羽状脉。总状花序腋生，有花 9 ~ 11（ ~ 13）朵；较叶短；萼钟状，无毛，长 7 ~ 8 mm，萼齿短，最下 1 齿长 1.5 ~ 2 mm，最上二齿针刺状；花粉红色或紫色，长 1.8 ~ 1.9 cm；旗瓣长（16）18 ~ 19 mm，宽（6）8 ~ 9（ ~ 11）mm，瓣片扁圆形或近圆形，先端微凹，瓣柄长 11 mm，翼瓣长倒卵形，先端圆形，长 7 ~ 8 mm，宽约 3 mm，具耳，线形瓣柄长 9 ~ 12 mm，龙骨瓣瓣片长卵形，先端渐尖，长 7 ~ 8 mm，宽约 3 mm，具耳，线形瓣柄长 8 mm；子房线形，无毛。荚果线形，长 5.5 ~ 8 cm，宽 6 ~ 7 mm，柄长 6 ~ 7 mm，褐色。种子椭圆形，长 5 mm，宽 4 mm，种脐长 2 mm，平滑。花期 5 ~ 6 月，果期 7 ~ 8 月。

分布与生境

产于陕西南部、山西西南部、四川东部和南部、湖北西北部，生于水边、山坡、沟内等阴湿处或疏林下。

经济用途

味辛，性温。归肝、胃经。全草、种子均可入药，具有祛风除湿、活血止痛、温中散寒等功效，用于治疗风寒湿痹、关节游走疼痛、腰膝疼痛、各种外伤疼痛、牙痛等症状。还具有一定的工业价值，其种子可以提炼出一种极好的胶质物，常应用于航空工业、纺织工业和胶合板工业中。

221 田 菁

学名： *Sesbania cannabina* (Retz.) Poir. **科名：** 豆科 **属名：** 田菁属

识别特征

一年生草本，茎绿色，有时带褐色、红色，微被白粉，有不明显淡绿色线纹。平滑，基部有多数不定根，幼枝疏被白色绢毛，后秃净，折断有白色黏液，枝髓粗大充实。羽状复叶。叶轴上面具沟槽，幼时疏被绢毛，后几无毛。托叶披针形，早落。小叶 20 ～ 30（～ 40）对，对生或近对生，线状长圆形，位于叶轴两端者较短小，先端钝至截平，具小尖头，基部圆形，两侧不对称，上面无毛，下面幼时疏被绢毛，后秃净，两面被紫色小腺点，下面尤密。小叶柄疏被毛。小托叶钻形，短于或几等于小叶柄，宿存。总花梗及花梗纤细，下垂，疏被绢毛。苞片线状披针形，小苞片 2 枚，均早落。花萼斜钟状，无毛，萼齿短三角形，先端锐齿，各齿间常有 1 ～ 3 腺状附属物，内面边缘具白色细长曲柔毛。花冠黄色，旗瓣横椭圆形至近圆形，先端微凹至圆形，基部近圆形，外面散生大小不等的紫黑点和线，胼胝体小，梨形，翼瓣倒卵状长圆形，与旗瓣近等长，基部具短耳，中部具较深色的斑块，并横向皱折，龙骨瓣较翼瓣短，三角状阔卵形，长宽近相等，先端圆钝，平三角形。雄蕊二体，对旗瓣的 1 枚分离，花药卵形至长圆形。雌蕊无毛，柱头头状，顶生。荚果细长，长圆柱形，微弯，外面具黑褐色斑纹，喙尖，开裂，种子间具横隔，有种子 20 ～ 35 粒。种子绿褐色，有光泽，短圆柱状，种脐圆形，稍偏于一端。花果期 7 ～ 12 月。

分布与生境

产于海南、江苏、浙江、江西、福建、广西、云南，栽培或逸为野生。通常生于水田、水沟等潮湿低地。伊拉克、印度、中南半岛、马来西亚、巴布亚新几内亚、新喀里多尼亚、澳大利亚、加纳、毛里塔尼亚也有分布。

经济用途

茎、叶可作绿肥及牲畜饲料。

222 紫云英

学名： *Astragalus sinicus* L. **科名：** 豆科 **属名：** 黄芪属

识别特征

二年生草本，多分枝，匍匐，被白色疏柔毛。奇数羽状复叶，具 7 ~ 13 片小叶。叶柄较叶轴短。托叶离生，卵形，先端尖，基部互相多少合生，具缘毛。小叶倒卵形或椭圆形，先端钝圆或微凹，基部宽楔形，上面近无毛，下面散生白色柔毛，具短柄。总状花序生 5 ~ 10 朵花，呈伞形。总花梗腋生，较叶长。苞片三角状卵形。花梗短。花萼钟状，被白色柔毛，萼齿披针形，长约为萼筒的 1/2。花冠紫红色或橙黄色，旗瓣倒卵形，先端微凹，基部渐狭成瓣柄，翼瓣较旗瓣短，瓣片长圆形，基部具短耳，瓣柄长约为瓣片的 1/2，龙骨瓣与旗瓣近等长，瓣片半圆形，瓣柄长约等于瓣片的 1/3。子房无毛或疏被白色短柔毛，具短柄。荚果线状长圆形，稍弯曲，具短喙，黑色，具隆起的网纹。种子肾形，栗褐色。花期 2 ~ 6 月，果期 3 ~ 7 月。

分布与生境

产于长江流域各省区。生于海拔 400 ~ 3 000 m 的山坡、溪边及潮湿处。

经济用途

现我国各地多栽培，为重要的绿肥作物和牲畜饲料，嫩梢亦供蔬食。

223 白花米口袋

学名： *Gueldenstaedtia verna* (Georgi) Boriss. form. alba (H. B. Cui) P. C. L

科名： 豆科　**属名：** 米口袋属

识别特征

多年生草本，主根细长，分茎较缩短，具宿存托叶。叶被疏柔毛。叶柄约为叶长的 2/5；托叶宽三角形至三角形，被稀疏长柔毛，基部合生。小叶 7 ~ 19 片，早春生的小叶卵形，夏秋的线形，先端急尖，钝头或截形，顶端具细尖，两面被疏柔毛。伞形花序具 2 ~ 3 朵花，有时 4 朵。总花梗纤细，被白色疏柔毛，在花期较叶为长。花梗极短或近无梗。苞片及小苞片披针形，密被长柔毛。萼筒钟状，上 2 萼齿最大，下 3 萼齿较狭小。花冠白色。旗瓣近圆形，先端微缺，基部渐狭成瓣柄，翼瓣狭楔形具斜截头，龙骨瓣被疏柔毛。种子肾形，具凹点。花期 4 月，果期 5 ~ 6 月。

分布与生境

产于内蒙古、河北、山西、陕西、甘肃、浙江、河南及江西北部。生于向阳的山坡、草地等处。

经济用途

全草可以入药，其味苦、辛，寒。可以清热解毒，治疗疔疮痈肿、急性阑尾炎、化脓性炎症等。其根含有大量淀粉，可以酿酒。全草富含膳食纤维，可以采嫩苗叶食用，采角取子洗净煮食，味微甜。

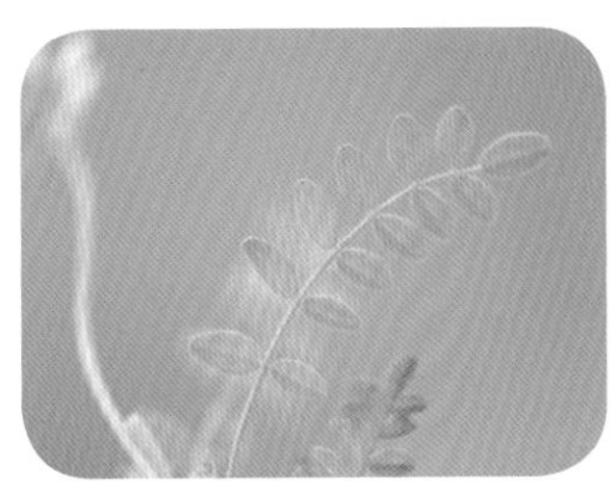

224 长萼鸡眼草

学名： *Kummerowia stipulacea* (Maxim.) Makino **科名：** 豆科 **属名：** 鸡眼草属

识别特征

一年生草本，茎平伏，上升或直立，多分枝，茎和枝上被疏生向上的白毛，有时仅节处有毛。叶为三出羽状复叶。托叶卵形，比叶柄长或有时近相等，边缘通常无毛。叶柄短。小叶纸质，倒卵形、宽倒卵形或倒卵状楔形，先端微凹或近截形，基部楔形，全缘。下面中脉及边缘有毛，侧脉多而密。花常1 ~ 2朵腋生。小苞片4，较萼筒稍短、稍长或近等长，生于萼下，其中1枚很小，生于花梗关节之下，常具1 ~ 3条脉。花梗有毛。花萼膜质，阔钟形，5裂，裂片宽卵形，有缘毛。花冠上部暗紫色，旗瓣椭圆形，先端微凹，下部渐狭成瓣柄，较龙骨瓣短，翼瓣狭披针形，与旗瓣近等长，龙骨瓣钝，上面有暗紫色斑点。荚果椭圆形或卵形，稍侧偏。花期7 ~ 8月，果期8 ~ 10月。

分布与生境

产于我国东北、华北、华东、中南、西北等地。生于路旁、草地、山坡、固定或半固定沙丘等处，海拔100 ~ 1 200 m。日本、朝鲜、俄罗斯（远东地区）也有分布。

经济用途

全草药用，能清热解毒、健脾利湿。又可作饲料及绿肥。

225 直酢浆草

学名： *Oxalis stricta* Linnaeus **科名：** 酢浆草科 **属名：** 酢浆草属

识别特征

草本，全株被柔毛。根茎稍肥厚。茎直立，不分枝或少分枝，无托叶或托叶不明显。叶基生或茎上互生。叶柄基部具关节。小叶3，无柄，倒心形，先端凹入，基部宽楔形，两面被柔毛或表面无毛，沿脉被毛较密，边缘具贴伏缘毛。花单生或数朵集为伞形花序状，腋生，总花梗淡红色，与叶近等长。小苞片2，披针形，膜质；萼片5，披针形或长圆状披针形，背面和边缘被柔毛，宿存；花瓣5，黄色，长圆状倒卵形。雄蕊10，花丝白色半透明，有时被疏短柔毛，基部合生，长短互间，长者花药较大且早熟；子房长圆形，5室，被短伏毛，花柱5，柱头头状。蒴果长圆柱形，5棱。种子长卵形，褐色或红棕色，具横向肋状网纹。花、果期2～9月。

分布与生境

分布于东北和华北。生于林下和沟谷潮湿处。东北亚、欧洲和北美洲有分布。

经济用途

全草入药，能解热利尿、消肿散瘀。茎叶含草酸，可用以磨镜或擦铜器，使其具光泽。牛羊食用过多可中毒致死。

226 红花酢浆草

学名： *Oxalis corymbosa* DC. **科名：** 酢浆草科 **属名：** 酢浆草属

识别特征

多年生直立草本，无地上茎，地下部分有球状鳞茎，外层鳞片膜质，褐色，背具3条肋状纵脉，被长缘毛，内层鳞片呈三角形，无毛。叶基生，叶柄被毛，小叶3，扁圆状倒心形，顶端凹入，两侧角圆形，基部宽楔形，表面绿色，被毛或近无毛；背面浅绿色，通常两面或有时仅边缘有干后呈棕黑色的小腺体，背面尤甚并被疏毛。托叶长圆形，顶部狭尖，与叶柄基部合生。总花梗基生，二歧聚伞花序，通常排列成伞形花序，总花梗被毛，花梗、苞片、萼片均被毛。每花梗有披针形干膜质苞片2枚。萼片5，披针形，先端有暗红色长圆形的小腺体2枚，顶部腹面被疏柔毛。花瓣5，倒心形，为萼长的2～4倍，淡紫色至紫红色，基部颜色较深。雄蕊10枚，长的5枚超出花柱，另5枚长至子房中部，花丝被长柔毛。子房5室，花柱5，被锈色长柔毛，柱头浅2裂。花、果期3～12月。

分布与生境

分布于河北、陕西、华东、华中、华南、四川和云南等地。原产于南美热带地区，中国长江以北各地作为观赏植物引入，南方各地已逸为野生。生于低海拔的山地、路旁、荒地或水田中。因其鳞茎极易分离，故繁殖迅速，常为田间莠草。

经济用途

全草入药，治跌打损伤、赤白痢，止血。

227 关节酢浆草

学名： *Oxalis articulata* Savigny **科名：** 酢浆草科 **属名：** 酢浆草属

识别特征

多年生草本，地下具块茎。叶基生，掌状复叶，3 小叶复生，叶柄较长，小叶心形，顶端凹，基部楔形，绿色，全缘，被短绒毛。伞形花序，花萼 5，绿色，花瓣 5，粉红色，下部有深粉色条纹，下部粉紫色。果实为蒴果。花期夏至秋。

分布与生境

原产南美洲、我国引种栽培；性喜温暖及湿润环境，喜光，不耐荫蔽，一般土壤均可良好生长；生长适温 15 ~ 26 ℃。

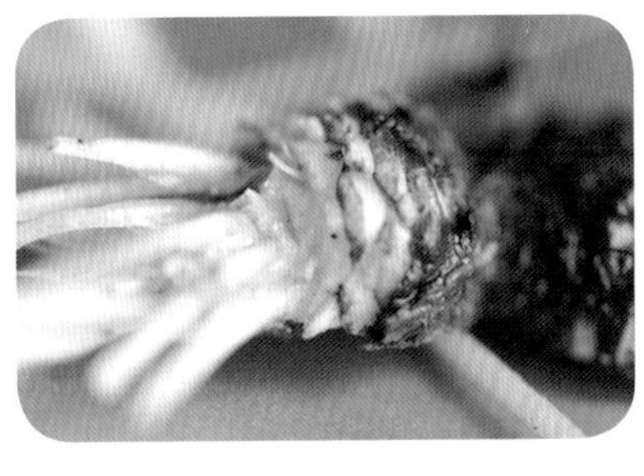

经济用途

植株低矮、整齐，花多叶繁，花期长、花色艳，覆盖地面迅速，是优良的地被花卉，适合用于花坛、花境、疏林地及林缘大片种植。

228 牻牛儿苗

学名： *Erodium stephanianum* Willd. **科名：** 牻牛儿苗科 **属名：** 牻牛儿苗属

识别特征

多年生草本，根为直根，较粗壮，少分枝。茎多数，仰卧或蔓生，具节，被柔毛。叶对生。托叶三角状披针形，分离，被疏柔毛，边缘具缘毛。基生叶和茎下部叶具长柄，柄长为叶片的 1.5 ~ 2 倍，被开展的长柔毛和倒向短柔毛。叶片轮廓卵形或三角状卵形，基部心形，二回羽状深裂，小裂片卵状条形，全缘或具疏齿，表面被疏伏毛，背面被疏柔毛，沿脉被毛较密。伞形花序腋生，明显长于叶，总花梗被开展长柔毛和倒向短柔毛，每梗具 2 ~ 5 朵花。苞片狭披针形，分离。花梗与总花梗相似，等于或稍长于花，花期直立，果期开展，上部向上弯曲。萼片矩圆状卵形，先端具长芒，被长糙毛，花瓣紫红色，倒卵形，等于或稍长于萼片，先端圆形或微凹。雄蕊稍长于萼片，花丝紫色，中部以下扩展，被柔毛。雌蕊被糙毛，花柱紫红色。蒴果密被短糙毛。种子褐色，具斑点。花期 6 ~ 8 月，果期 8 ~ 9 月。

分布与生境

分布于长江中下游以北的华北、东北、西北和西藏。生于干山坡、农田边、沙质河滩地和草原洼地等。俄罗斯（西伯利亚和远东地区）、日本、蒙古、哈萨克斯坦、阿富汗和克什米尔地区、尼泊尔亦广泛分布。

经济用途

全草供药用，有祛风除湿和清热解毒的功效。

229 宿根亚麻

学名： *Linum perenne* L. **科名：** 亚麻科 **属名：** 亚麻属

识别特征

多年生草本，高 20 ~ 90 cm。根为直根，粗壮，根颈头木质化。茎多数，直立或仰卧，中部以上多分枝，基部木质化，具密集狭条形叶的不育枝。叶互生；叶片狭条形或条状披针形，长 8 ~ 25 mm，宽 8 ~ 3（4） mm，全缘内卷，先端锐尖，基部渐狭，1 ~ 3 脉（实际上由于侧脉不明显而为 1 脉）。花多数，组成聚伞花序，蓝色、蓝紫色、淡蓝色，直径约 2 cm；花梗细长，长 1 ~ 2.5 cm，直立或稍向一侧弯曲。萼片 5，卵形，长 3.5 ~ 5 mm，外面 3 片先端急尖，内面 2 片先端钝，全缘，5 ~ 7 脉，稍凸起；花瓣 5，倒卵形，长 1 ~ 1.8 cm，顶端圆形，基部楔形；雄蕊 5，长于或短于雌蕊，或与雌蕊近等长，花丝中部以下稍宽，基部合生；退化雄蕊 5，与雄蕊互生；子房 5 室，花柱 5，分离，柱头头状。蒴果近球形，直径 3.5 ~ 7（8） mm，草黄色，开裂。种子椭圆形，褐色，长 4 mm，宽约 2 mm。花期 6 ~ 7 月，果期 8 ~ 9 月。

分布与生境

分布于河北、山西、内蒙古、西北和西南等地。生于干旱草原、沙砾质干河滩和干旱的山地阳坡疏灌丛或草地，海拔达 4 100 m。俄罗斯西伯利亚至欧洲和西亚皆有分布。

经济用途

茎皮纤维可作人造棉、麻布和造纸原料。

230 枳

学名：*Citrus trifoliata* L.　**科名：**芸香科　**属名：**柑橘属

识别特征

小乔木，树冠伞形或圆头形。枝绿色，嫩枝扁，有纵棱，刺尖干枯状，红褐色，基部扁平。叶柄有狭长的翼叶，通常指状3出叶，很少4～5小叶，或杂交种的则除3小叶外，尚有2小叶或单小叶同时存在，小叶等长或中间的一片较大，对称或两侧不对称，叶缘有细钝裂齿或全缘，嫩叶中脉上有细毛，花单朵或成对腋生，先叶开放，也有先叶后花的，有完全花及不完全花，后者雄蕊发育，雌蕊萎缩，花有大、小二型。花瓣白色，匙形。雄蕊通常20枚，花丝不等长。果近圆球形或梨形，大小差异较大，果顶微凹，有环圈，果皮暗黄色，粗糙，也有无环圈，果皮平滑的，油胞小而密，果心充实，瓢囊6～8瓣，汁胞有短柄，果肉含黏液，微有香橼气味，甚酸且苦，带涩味，有种子20～50粒。种子阔卵形，乳白色或乳黄色，有黏液，平滑或间有不明显的细脉纹。花期5～6月，果期10～11月。

分布与生境

产于山东、河南、山西、陕西、甘肃、安徽、江苏、浙江、湖北、湖南、江西、广东、广西、贵州、云南等省（区）。

经济用途

枳果可药用，小果制干或切半称为枳实，成熟的果实为枳壳。《本草纲目类编》中记载，枳实可除寒热结、止痢、益气轻身等。枳壳可除风痒麻痹、通利关节、止劳气咳嗽、止风痛等。

231 香 橼

学名：*Citrus medica* L. **科名：**芸香科 **属名：**柑橘属

识别特征

不规则分枝的灌木或小乔木。新生嫩枝、芽及花蕾均暗紫红色，茎枝多刺。单叶，稀兼有单身复叶，则有关节，但无翼叶。叶柄短，叶片椭圆形或卵状椭圆形，或有更大，顶部圆或钝，稀短尖，叶缘有浅钝裂齿。总状花序有花达 12 朵，有时兼有腋生单花。花两性，有单性花趋向，则雌蕊退化。子房圆筒状，花柱粗长，柱头头状，果椭圆形、近圆形或两端狭的纺锤形，果皮淡黄色，粗糙，甚厚或颇薄，难剥离，内皮白色或略淡黄色，棉质，松软，瓢囊 10 ~ 15 瓣，果肉无色，近于透明或淡乳黄色，爽脆，味酸或略甜，有香气。种子小，平滑，子叶乳白色，多胚或单胚。花期 4 ~ 5 月，果期 10 ~ 11 月。

分布与生境

产于台湾、福建、广东、广西、云南等省（区）。越南、老挝、缅甸、印度等也有分布。香橼的栽培史在我国已有 2 000 余年。

经济用途

香橼是中药，其干片有清香气，味略苦而微甜，性温，无毒。有理气宽中、消胀降痰等功效。香橼如用作砧木，只可嫁接佛手，对其他种类严格不亲和。叶及果皮含挥发油 Limonene、Citral、Neral 等，果皮又含苦味物 Limonin 及生物碱 Hesperidine、 Stachydrine。

232 香 椿

学名： *Toona sinensis* (A. Juss.) Roem. **科名：** 楝科 **属名：** 香椿属

识别特征

乔木，树皮粗糙，深褐色，片状脱落。叶具长柄，偶数羽状复叶。小叶 16 ~ 20，对生或互生，纸质，卵状披针形或卵状长椭圆形，先端尾尖，基部一侧圆形，另一侧楔形，不对称，边全缘或有疏离的小锯齿，两面均无毛，无斑点，背面常呈粉绿色，侧脉每边 18 ~ 24 条，平展，与中脉几成直角开出，背面略凸起。圆锥花序与叶等长或更长，被稀疏的锈色短柔毛或有时近无毛，小聚伞花序生于短的小枝上，多花。具短花梗。花萼 5 齿裂或浅波状，外面被柔毛，且有睫毛。花瓣 5，白色，长圆形，先端钝，无毛。雄蕊 10，其中 5 枚能育，5 枚退化。花盘无毛，近念珠状。子房圆锥形，有 5 条细沟纹，无毛。蒴果狭椭圆形，深褐色，有小而苍白色的皮孔，果瓣薄。种子基部通常钝，上端有膜质的长翅，下端无翅。花期 6 ~ 8 月，果期 10 ~ 12 月。

分布与生境

产于华北、华东、华中、华南和西南各省区。生于山地杂木林或疏林中，各地广泛栽培。分布于朝鲜。

经济用途

幼芽、嫩叶芳香可口，供蔬食。木材黄褐色而具红色环带，纹理美丽，质坚硬，有光泽，耐腐力强，易施工，为家具、室内装饰品及造船的优良木材。根皮及果入药，有收敛止血、去湿止痛的功效。

233 楝

学名： *Melia azedarach* L.　**科名：** 楝科　**属名：** 楝属

识别特征

落叶乔木，树皮灰褐色，纵裂。分枝广展，小枝有叶痕。叶为 2 ~ 3 回奇数羽状复叶，小叶对生，卵形、椭圆形至披针形，顶生一片通常略大，先端短渐尖，基部楔形或宽楔形，多少偏斜，边缘有钝锯齿，幼时被星状毛，后两面均无毛，侧脉每边 12 ~ 16 条，广展，向上斜举。圆锥花序约与叶等长，无毛或幼时被鳞片状短柔毛。花芳香。花萼 5 深裂，裂片卵形或长圆状卵形，先端急尖，外面被微柔毛。花瓣淡紫色，倒卵状匙形，两面均被微柔毛，通常外面较密。雄蕊管紫色，无毛或近无毛，有纵细脉，管口有钻形、2 ~ 3 齿裂的狭裂片 10 枚，花药 10 枚，着生于裂片内侧，且与裂片互生，长椭圆形，顶端微凸尖。子房近球形，无毛，花柱细长，柱头头状。核果球形至椭圆形，内果皮木质。种子椭圆形。花期 4 ~ 5 月，果期 10 ~ 12 月。

分布与生境

产于我国黄河以南各省区，较常见。生于低海拔旷野、路旁或疏林中，目前已广泛引种栽培。广布于亚洲热带和亚热带地区，温带地区也有栽培。本植物在湿润的沃土上生长迅速，对土壤要求不严，在酸性土、中性土与石灰岩地区均能生长，是平原及低海拔丘陵区的良好造林树种，在村边路旁种植更为适宜。

经济用途

边材黄白色，心材黄色至红褐色，纹理粗而美，质轻软，有光泽，施工易，是家具、建筑、农具、舟车、乐器等良好用材。用鲜叶可灭钉螺和作农药，用根皮可驱蛔虫和钩虫，但有毒，用时要严遵医嘱，根皮粉调醋可治疥癣，用苦楝子做成油膏可治头癣。果核仁油可供制油漆、润滑油和肥皂。

234 西伯利亚远志

学名：*Polygala sibirica* L. **科名：**远志科 **属名：**远志属

识别特征

多年生草本，根直立或斜生，木质。茎丛生，通常直立，被短柔毛。叶互生，叶片纸质至亚革质，下部叶小卵形，先端钝，上部者大，披针形或椭圆状披针形，先端钝，具骨质短尖头，基部楔形，全缘，略反卷，绿色，两面被短柔毛，主脉上面凹陷，背面隆起，侧脉不明显，具短柄。总状花序腋外生或假顶生，通常高出茎顶，被短柔毛，具少数花。萼片 5，宿存，背面被短柔毛，具缘毛，外面 3 枚披针形，里面 2 枚花瓣状，近镰刀形，先端具突尖，基部具爪，淡绿色，边缘色浅。花瓣 3，蓝紫色，侧瓣倒卵形。雄蕊 8，2/3 以下合生成鞘，且具缘毛，花药卵形，顶孔开裂。子房倒卵形，顶端具缘毛，花柱肥厚，顶端弯曲，柱头 2，间隔排列。蒴果近倒心形，顶端微缺，具狭翅及短缘毛。种子长圆形，扁，黑色，密被白色柔毛，具白色种阜。花期 4 ~ 7 月，果期 5 ~ 8 月。

分布与生境

产于全国各地。生于砂质土、石砾和石灰岩山地灌丛、林缘或草地，海拔 1 100 ~ 3 300（~ 4 300）m。分布于欧洲东部、俄罗斯西伯利亚、尼泊尔、印度东北部、蒙古和朝鲜北部。

经济用途

根含有与远志 *P. tenuifolia* Willd. 相同的化学成分，可代远志入药。

235 雀儿舌头

学名： *Leptopus chinensis* (Bunge) Pojark.　**科名：** 叶下珠科　**属名：** 雀舌木属

识别特征

直立灌木，茎上部和小枝条具棱。除枝条、叶片、叶柄和萼片均在幼时被疏短柔毛外，其余无毛。叶片膜质至薄纸质，卵形、近圆形、椭圆形或披针形，顶端钝或急尖，基部圆或宽楔形，叶面深绿色，叶背浅绿色。侧脉每边 4 ~ 6 条，在叶面扁平，在叶背微凸起。托叶小，卵状三角形，边缘被睫毛。花小，雌雄同株，单生或 2 ~ 4 朵簇生于叶腋。萼片、花瓣和雄蕊均为 5，雄花：花梗丝状。萼片卵形或宽卵形，浅绿色，膜质，具有脉纹。花瓣白色，匙形，膜质。花盘腺体 5，分离，顶端 2 深裂。雄蕊离生，花丝丝状，花药卵圆形。花瓣倒卵形，萼片与雄花的相同。花盘环状，10 裂至中部，裂片长圆形。子房近球形。蒴果圆球形或扁球形，基部有宿存的萼片。花期 2 ~ 8 月，果期 6 ~ 10 月。

分布与生境

除黑龙江、新疆、福建、海南和广东外，全国各省区均有分布，生于海拔一般为 500 ~ 1 000 m（西北部达 1 500 m，西南部达 3 400 m）的山地灌丛、林缘、路旁、岩崖或石缝中。喜光，耐干旱，土层瘠薄环境、水分少的石灰岩山地亦能生长。

经济用途

为水土保持林优良的林下植物，也可做庭园绿化灌木。叶可作杀虫农药，嫩枝叶有毒，羊类多吃会致死。

236 落萼叶下珠

学名： *Phyllanthus flexuosus* (Sieb. et Zucc.) Muell. Arg

科名： 叶下珠科　**属名：** 叶下珠属

识别特征

灌木，枝条弯曲，褐色。全株无毛。叶片纸质，椭圆形至卵形，顶端渐尖或钝，基部钝至圆，下面稍带白绿色。侧脉每边 5 ～ 7 条。托叶卵状三角形，早落。雄花数朵和雌花 1 朵簇生于叶腋。雄花：花梗短。萼片 5，宽卵形或近圆形，暗紫红色。花盘腺体 5。雄蕊 5，花丝分离，花药 2 室，纵裂。花粉粒球形或近球形，具 3 孔沟，沟细长，内孔圆形。雌花萼片 6，卵形或椭圆形。花盘腺体 6。子房卵圆形，3 室，花柱 3，顶端 2 深裂。蒴果浆果状，扁球形，3 室，每室 1 粒种子，基部萼片脱落。种子近三棱形。花期 4 ～ 5 月，果期 6 ～ 9 月。

分布与生境

产于江苏、安徽、浙江、江西、福建、湖北、湖南、广东、广西、四川、贵州和云南等省（区），生于海拔 700 ～ 1 500 m 的山地疏林下、沟边、路旁或灌丛中。日本也有。

经济用途

落萼叶下珠所含的化合物具有抗癌作用。

237 重阳木

学名：*Bischofia polycarpa* (Levl.) Airy Shaw **科名：**叶下珠科 **属名：**秋枫属

识别特征

落叶乔木，树皮褐色，纵裂。木材表面槽棱不显。树冠伞形状，大枝斜展，小枝无毛，当年生枝绿色，皮孔明显，灰白色，老枝变褐色，皮孔变锈褐色。芽小，顶端稍尖或钝，具有少数芽鳞。全株均无毛。三出复叶。顶生小叶通常较两侧的大，小叶片纸质，卵形或椭圆状卵形，有时长圆状卵形，顶端突尖或短渐尖，基部圆或浅心形，边缘具钝细锯齿，每 1 cm 长 4 ～ 5 个。托叶小，早落。花雌雄异株，春季与叶同时开放，组成总状花序。花序通常着生于新枝的下部，花序轴纤细而下垂。雄花：萼片半圆形，膜质，向外张开。花丝短。有明显的退化雌蕊。雌花：萼片与雄花的相同，有白色膜质的边缘。子房 3 ～ 4 室，每室 2 胚珠，花柱 2 ～ 3，顶端不分裂。果实浆果状，圆球形，成熟时褐红色。花期 4 ～ 5 月，果期 10 ～ 11 月。

分布与生境

产于秦岭、淮河流域以南至福建和广东的北部，生于海拔 1 000 m 以下山地林中或平原栽培，在长江中下游平原或农村“四旁”习见，常栽培为行道树。

经济用途

散孔材，导管管孔较小，直径 50 ～ 53 μm，管孔 64 ～ 113 个 /mm²。心材与边材明显，心材鲜红色至暗红褐色，边材淡红色至淡红褐色，材质略重而坚韧，结构细而匀，有光泽，适于作建筑、造船、车辆、家具等用材。果肉可酿酒。种子含油量 30%，可供食用，也可作润滑油和肥皂油。

238 白背叶

学名： *Mallotus apelta* (Lour.) Muell. Arg. **科名：** 大戟科 **属名：** 野桐属

识别特征

灌木或小乔木，小枝、叶柄和花序均密被淡黄色星状柔毛和散生橙黄色颗粒状腺体。叶互生，卵形或阔卵形，稀心形，顶端急尖或渐尖，基部截平或稍心形，边缘具疏齿，上面干后黄绿色或暗绿色，无毛或被疏毛，下面被灰白色星状绒毛，散生橙黄色颗粒状腺体。基出脉 5 条，最下一对常不明显，侧脉 6 ~ 7 对。基部近叶柄处有褐色斑状腺体 2 个。花雌雄异株，雄花序为开展的圆锥花序或穗状，苞片卵形，雄花多朵簇生于苞腋。雄花：花蕾卵形或球形，花萼裂片 4，卵形或卵状三角形，外面密生淡黄色星状毛，内面散生颗粒状腺体。雄蕊 50 ~ 75 枚，花序穗状，稀有分枝，苞片近三角形。雌花：花梗极短。花萼裂片 3 ~ 5 枚，卵形或近三角形，外面密生灰白色星状毛和颗粒状腺体。花柱 3 ~ 4 枚，基部合生，柱头密生羽毛状突起。蒴果近球形，密生被灰白色星状毛的软刺，软刺线形，黄褐色或浅黄色。种子近球形，褐色或黑色，具皱纹。花期 6 ~ 9 月，果期 8 ~ 11 月。

分布与生境

产于云南、广西、湖南、江西、福建、广东和海南。生于海拔 30 ~ 1 000 m 山坡或山谷灌丛中。分布于越南。

经济用途

本种为撂荒地的先锋树种。茎皮可供编织。种子含油率达 36%，含 α-粗糠柴酸，可供制油漆，或合成大环香料、杀菌剂、润滑剂等原料。

239 蜜甘草

学名： *Phyllanthus ussuriensis* Rupr. et Maxim. **科名：** 叶下珠科 **属名：** 叶下珠属

识别特征

一年生草本，茎直立，常基部分枝，枝条细长，小枝具棱；全株无毛。叶片纸质，椭圆形至长圆形，顶端急尖至钝，基部近圆，下面白绿色，侧脉每边 5 ～ 6 条。叶柄极短或几乎无叶柄。托叶卵状披针形。花雌雄同株，单生或数朵簇生于叶腋。花梗丝状，基部有数枚苞片。雄花：萼片 4，宽卵形。花盘腺体 4，分离，与萼片互生。雄蕊 2，花丝分离，药室纵裂。雌花：萼片 6，长椭圆形，果时反折。花盘腺体 6，长圆形；子房卵圆形，3 室，花柱 3，顶端 2 裂。蒴果扁球状，平滑。果梗短，种子黄褐色，具有褐色疣点。花期 4 ～ 7 月，果期 7 ～ 10 月。

分布与生境

产于黑龙江、吉林、辽宁、山东、江苏、安徽、浙江、江西、福建、台湾、湖北、湖南、广东、广西等省（区），生于山坡或路旁草地。分布于俄罗斯东南部、蒙古、朝鲜和日本。

经济用途

药用，全草有消食、止泻作用。

240 斑地锦

学名：*Euphorbia maculata* L. **科名：**大戟科 **属名：**大戟属

识别特征

一年生草本，根纤细。茎匍匐，被白色疏柔毛。叶对生，长椭圆形至肾状长圆形，先端钝，基部偏斜，不对称，略呈渐圆形，边缘中部以下全缘，中部以上常具细小疏锯齿。叶面绿色，中部常具有一个长圆形的紫色斑点，叶背淡绿色或灰绿色，新鲜时可见紫色斑，干时不清楚，两面无毛。叶柄极短。托叶钻状，不分裂，边缘具睫毛。花序单生于叶腋，基部具短柄。总苞狭杯状，外部具白色疏柔毛，边缘 5 裂，裂片三角状圆形。腺体 4，黄绿色，横椭圆形，边缘具白色附属物。雄花 4 ～ 5，微伸出总苞外。雌花 1，子房柄伸出总苞外，且被柔毛。子房被疏柔毛。花柱短，近基部合生。柱头 2 裂。蒴果三角状卵形，被稀疏柔毛，成熟时易分裂为 3 个分果爿。种子卵状四棱形，灰色或灰棕色，每个棱面具 5 个横沟，无种阜。花果期 4 ～ 9 月。

分布与生境

原产北美，归化于欧亚大陆。产于江苏、江西、浙江、湖北、河南、河北和台湾。生于平原或低山坡的路旁。

经济用途

全草入药，具有止血、清湿热、通乳的功效。常用以治疗黄疸、泻泄、疳积、血痢、尿血、血崩、外伤出血、乳汁不多、痈肿疮毒。

241 湖北大戟

学名： *Euphorbia hylonoma* Hand.-Mazz.　**科名：** 大戟科　**属名：** 大戟属

识别特征

多年生草本，全株光滑无毛。根粗线形。茎直立，上部多分枝。叶互生，长圆形至椭圆形，变异较大，先端圆，基部渐狭，叶面绿色，叶背有时淡紫色或紫色。总苞叶 3 ～ 5 枚，同茎生叶。苞叶 2 ～ 3 枚，常为卵形，无柄花序单生于二歧分枝顶端，无柄。总苞钟状，边缘 4 裂，裂片三角状卵形，全缘，被毛。雄花多枚，明显伸出总苞外。雌花 1 枚。子房光滑。柱头 2 裂。蒴果球状。种子卵圆状，灰色或淡褐色，光滑，腹面具沟纹。种阜具极短的柄。花期 4 ～ 7 月，果期 6 ～ 9 月。

分布与生境

产于黑龙江、吉林、辽宁、河北、山西、陕西、甘肃、山东、江苏、安徽、浙江、江西、河南、湖北、湖南、广东、广西、四川、贵州和云南等地。生于海拔 200 ～ 3 000 m 的山沟、山坡、灌丛、草地、疏林等地，种群数量较大。分布于俄罗斯远东地区。

经济用途

根有消疲、逐水、攻积等功效。茎叶有止血、止痛的功效。有毒，宜慎用。

242 钩腺大戟

学名： *Euphorbia sieboldiana* Morr. et Decne.　**科名：** 大戟科　**属名：** 大戟属

识别特征

多年生草本，根状茎较粗壮，基部具不定根。茎单一或自基部多分枝，每个分枝向上再分枝。叶互生，椭圆形、倒卵状披针形、长椭圆形，变异较大，先端钝或尖或渐尖，基部渐狭或呈狭楔形，全缘。侧脉羽状。叶柄极短或无。总苞叶 3 ～ 5 枚，椭圆形或卵状椭圆形，先端钝尖，基部近平截。苞叶 2 枚，常呈肾状圆形，少为卵状三角形或半圆形，变异较大，先端圆或略呈凸尖，基部近平截或微凹或近圆形。花序单生于二歧分枝的顶端，基部无柄。总苞杯状，边缘 4 裂，裂片三角形或卵状三角形，内侧具短柔毛或具极少的短柔毛，腺体 4，新月形，两端具角，角尖钝或长刺芒状，变化极不稳定，以黄褐色为主，少有褐色或淡黄色或黄绿色。雄花多数，伸出总苞之外。雌花 1 枚，子房柄伸出总苞边缘。子房光滑无毛。花柱 3，分离。柱头 2 裂。蒴果三棱状球形，光滑，成熟时分裂为 3 个分果爿。花柱宿存，且易脱落。种子近长球状，灰褐色，具不明显的纹饰。种阜无柄。花果期 4 ～ 9 月。

分布与生境

广布于全国（除内蒙古、福建、海南、台湾、西藏、青海和新疆外）。生于田间、林缘、灌丛、林下、山坡、草地，生境较杂。分布于日本、朝鲜、俄罗斯（远东地区）。

经济用途

根状茎入药，具泻下和利尿之效。煎水外用洗疥疮。有毒，宜慎用。

243 甘 遂

学名： *Euphorbia kansui* T. N. Liou ex S. B. Ho **科名：** 大戟科 **属名：** 大戟属

识别特征

多年生草本。根圆柱状，末端呈念珠状膨大。茎自基部多分枝或仅有 1 ~ 2 分枝，每个分枝顶端分枝或不分枝。叶互生，线状披针形、线形或线状椭圆形，变化较大，先端钝或具短尖头，基部渐狭，全缘。侧脉羽状，不明显或略可见。总苞叶 3 ~ 6 枚，倒卵状椭圆形，先端钝或尖，基部渐狭。苞叶 2 枚，三角状卵形，先端圆，基部近平截或略呈宽楔形。花序单生于二歧分枝顶端，基部具短柄。总苞杯状。边缘 4 裂，裂片半圆形，边缘及内侧具白色柔毛。腺体 4，新月形，两角不明显，暗黄色至浅褐色。雄花多数，明显伸出总苞外。雌花 1 枚。子房光滑无毛，花柱 3，2/3 以下合生。柱头 2 裂，不明显。蒴果三棱状球形。花柱宿存，易脱落，成熟时分裂为 3 个分果爿。种子长球状，灰褐色至浅褐色。种阜盾状，无柄。花期 4 ~ 6 月，果期 6 ~ 8 月。

分布与生境

产于河南、山西、陕西、甘肃和宁夏。生于荒坡、沙地、田边、低山坡、路旁等。

经济用途

本种根为著名中药（甘遂、甘遂子），苦寒有毒，具除水、利尿功效。主治各种水肿等。全株有毒，根毒性大，易致癌，宜慎用。

244 黄 杨

学名： *Buxus sinica* (Rehder & E. H. Wilson) M. Cheng

科名： 黄杨科　**属名：** 黄杨属

识别特征

灌木或小乔木，枝圆柱形，有纵棱，灰白色。小枝四棱形，全面被短柔毛或外方相对两侧面无毛。叶革质，阔椭圆形、阔倒卵形、卵状椭圆形或长圆形，先端圆或钝，常有小凹口，不尖锐，基部圆或急尖或楔形，叶面光亮，中脉凸出，下半段常有微细毛，侧脉明显，叶背中脉平坦或稍凸出，中脉上常密被白色短线状钟乳体，全无侧脉，叶柄上面被毛。花序腋生，头状，花密集，花序轴被毛，苞片阔卵形。雄花：约10朵，无花梗，外萼片卵状椭圆形，内萼片近圆形，无毛，不育雌蕊有棒状柄，末端膨大。雌花：子房较花柱稍长，无毛，花柱粗扁，柱头倒心形，下延达花柱中部。蒴果近球形。花期3月，果期5～6月。

分布与生境

产于陕西、甘肃、湖北、四川、贵州、广西、广东、江西、浙江、安徽、江苏、山东等省（区），有部分属于栽培。多生于山谷、溪边、林下，海拔1 200～2 600 m。

经济用途

黄杨盆景树姿优美，叶小如豆瓣，质厚而有光泽，四季常青，可终年观赏。园林中常作绿篱、大型花坛镶边，修剪成球形或其他整形栽培，点缀山石或制作盆景。木材坚硬细密，是雕刻工艺的上等材料。

245 小叶黄杨

学名： *Buxus sinica* var. *parvifolia* M. Cheng

科名： 黄杨科　**属名：** 黄杨属

识别特征

常绿灌木或小乔木植物，枝条密集，枝圆柱形，有纵棱，灰白色。小枝四棱形，全面被短柔毛或外方相对两侧面无毛。叶薄革质，阔椭圆形或阔卵形，叶面无光或光亮，侧脉明显凸出，叶柄上面被毛；花序腋生，头状，花密集，花序轴被毛，苞片阔卵形。雄花无花梗，花柱粗扁，柱头倒心形。蒴果近球形，无毛。花期 3 月，果期 5 ~ 6 月。

分布与生境

产于安徽（黄山）、浙江（龙塘山）、江西（庐山）、湖北（神农架及兴山）；生于岩上，海拔 1 000 m。

经济用途

《桂药编》中记载小叶黄杨："枝叶治肝炎湿疹，疮疥；全株用于跌打损伤、皮肤瘙痒。"小叶黄杨民间用来治疗心血管病、疟疾、梅毒、风湿、皮炎和狂犬病等病症，有一定的药用价值。小叶黄杨枝叶茂密，叶光亮、常青，是常用的观叶树种，有一定的观赏价值。除此之外，小叶黄杨抗污染，能吸收空气中的二氧化硫等有毒气体，对大气有净化作用，体现了其净化空气的价值。

246 毛黄栌

学名： *Cotinus coggygria* var. pubescens Engl.

科名： 漆树科　**属名：** 黄栌属

识别特征

灌木或小乔木植物，茎小枝具柔毛。叶单生或互生，近圆形、卵圆形至倒卵形，两面被毛，秋季变红。花杂性，大型圆锥花序顶生，被柔毛。果核小，扁肾形，稍偏斜，熟时红色。种子肾形。花期4~5月，果期6~7月。叶多为阔椭圆形，稀圆形，叶背尤其沿脉上和叶柄密被柔毛。花序无毛或近无毛。

分布与生境

产于贵州、四川、甘肃、陕西、山西、山东、河南、湖北、江苏、浙江。生于海拔800 ~ 1 500 m的山坡林中。间断分布于欧洲东南部，经叙利亚至俄罗斯（高加索）。

经济用途

木材黄色，古代作黄色染料。树皮和叶可提栲胶。叶含芳香油，为调香原料。嫩芽可炸食。叶秋季变红，美观，即北京称之“西山红叶”。

247 野　漆

学名： *Toxicodendron succedaneum* (L.) O. Kuntze

科名： 漆树科　**属名：** 漆树属

识别特征

落叶乔木或小乔木，小枝粗壮，无毛，顶芽大，紫褐色，外面近无毛。奇数羽状复叶互生，常集生小枝顶端，无毛，有小叶 4 ～ 7 对，叶轴和叶柄圆柱形。小叶对生或近对生，坚纸质至薄革质，长圆状椭圆形、阔披针形或卵状披针形，先端渐尖或长渐尖，基部多少偏斜，圆形或阔楔形，全缘，两面无毛，叶背常具白粉，侧脉 15 ～ 22 对，弧形上升，两面略突。圆锥花序，为叶长之半，多分枝，无毛。花黄绿色。花萼无毛，裂片阔卵形，先端钝，长约 1 mm。花瓣长圆形，先端钝，中部具不明显的羽状脉或近无脉，开花时外卷。雄蕊伸出，花丝线形，花药卵形。花盘 5 裂。子房球形，无毛，花柱 1，短，柱头 3 裂，褐色。核果大，偏斜，压扁，先端偏离中心，外果皮薄，淡黄色，无毛，中果皮厚，蜡质，白色，果核坚硬，压扁。

分布与生境

华北至长江以南各省区均产。生于海拔（150 ～）300 ～ 1 500（～ 2 500）m 的林中。分布于印度、中南半岛、朝鲜和日本。

经济用途

根、叶及果入药，有清热解毒、散瘀生肌、止血、杀虫之效，治跌打骨折、湿疹疮毒、毒蛇咬伤，又可治尿血、血崩、白带、外伤出血、子宫下垂等症。种子油可制皂或掺和干性油作油漆。中果皮之漆蜡可制蜡烛、膏药和发蜡等。树皮可提栲胶。树干乳液可代生漆用。木材坚硬致密，可作细工用材。

248 猫儿刺

学名：*Ilex pernyi* Franch.　**科名：**冬青科　**属名：**冬青属

识别特征

常绿灌木或乔木，树皮银灰色，纵裂。幼枝黄褐色，具纵棱槽，被短柔毛，二至三年生小枝圆形或近圆形，密被污灰色短柔毛。顶芽卵状圆锥形，急尖，被短柔毛。

叶片革质，卵形或卵状披针形，先端三角形渐尖，基部截形或近圆形，边缘具深波状刺齿 1 ~ 3 对，叶面深绿色，具光泽，背面淡绿色，两面均无毛，中脉在叶面凹陷，在近基部被微柔毛，背面隆起，侧脉 1 ~ 3 对，不明显。叶柄被短柔毛。托叶三角形，急尖。花序簇生于二年生枝的叶腋内，多为 2 ~ 3 花聚生成簇，每分枝仅具 1 花。花淡黄色，全部 4 基数。雄花：花梗无毛，中上部具 2 枚近圆形、具缘毛的小苞片。花萼 4 裂，裂片阔三角形或半圆形，具缘毛。花冠辐状，花瓣椭圆形，近先端具缘毛。雄蕊稍长于花瓣。退化子房圆锥状卵形，先端钝。雌花：花萼像雄花。花瓣卵形。退化雄蕊短于花瓣，败育花药卵形。子房卵球形，柱头盘状。果球形或扁球形，成熟时红色，宿存花萼四角形，具缘毛，宿存柱头厚盘状，4 裂。分核 4，轮廓倒卵形或长圆形，在较宽端背部微凹陷，且具掌状条纹和沟槽，侧面具网状条纹和沟，内果皮木质。花期 4 ~ 5 月，果期 10 ~ 11 月。

分布与生境

产于陕西南部、甘肃南部、安徽、浙江、江西、河南、湖北西部、四川和贵州等地。生于海拔 1 050 ~ 2 500 m 的山谷林中或山坡、路旁灌丛中。

经济用途

树皮含小檗碱，可作黄连制剂的代用品。叶和果入药，有补肝肾、清风热之功效。根入药，用于治疗肺热咳嗽、咯血、咽喉肿痛、角膜云翳等症。

249 榕叶冬青

学名： *Ilex ficoidea* Hemsl. **科名：** 冬青科 **属名：** 冬青属

识别特征

常绿乔木，高 8 ~ 12 m；幼枝具纵棱沟，无毛，二年生以上小枝黄褐色或褐色，平滑，无皮孔，具半圆形较平坦的叶痕。叶生于 1 ~ 2 年生枝上，叶片革质，长圆状椭圆形，卵状或稀倒卵状椭圆形，长 4.5 ~ 10 cm，宽 1.5 ~ 3.5 cm，先端骤然尾状渐尖，渐尖头长可达 15 mm，基部钝、楔形或近圆形，边缘具不规则的细圆齿状锯齿，齿尖变黑色，干后稍反卷，叶面深绿色，具光泽，背面淡绿色，两面均无毛，主脉在叶面狭凹陷，背面隆起，侧脉 8 ~ 10 对，在叶面不明显，背面稍凸起，于边缘网结，细脉不明显；叶柄长 6 ~ 10 mm，上面具槽，背面圆形，具横皱纹。聚伞花序或单花簇生于当年生枝的叶腋内，花 4 基数，白色或淡黄绿色，芳香；雄花序的聚伞花序具 1 ~ 3 朵花，总花梗长约 2 mm，苞片卵形，长约 1 mm，背面中央具龙骨突起，急尖，具缘毛，基部具附属物；花梗长 1 ~ 3 mm，基部或近基部具 2 枚小苞片；花萼盘状，直径 2 ~ 2.5 mm，裂片三角形，急尖，具缘毛；花冠直径约 6 mm，花瓣卵状长圆形，长约 3 mm，宽约 1.5 mm，上部具缘毛，基部稍合生；雄蕊长于花瓣，伸出花冠外，花药长圆状卵球形；退化子房圆锥状卵球形，直径约 1 mm，顶端微 4 裂。雌花单花簇生于当年生枝的叶腋内，花梗长 2 ~ 3 mm，基生小苞片 2 枚，具缘毛；花萼被微柔毛或变无毛，裂片常龙骨状；花冠直立，直径 3 ~ 4 mm，花瓣卵形，分离，长约 2.5 mm，具缘毛；退化雄蕊与花瓣等长，不育花药卵形，

小；子房卵球形，长约 2 mm，直径约 1.5 mm，柱头盘状。果球形或近球形，直径 5 ~ 7 mm，成熟后红色，在扩大镜下可见小瘤，宿存花萼平展，四边形，直径约 2 mm，宿存柱头薄盘状或脐状；分核 4，卵形或近圆形，长 3 ~ 4 mm，宽 1.5 ~ 2.5 mm，两端钝，背部具掌状条纹，沿中央具 1 稍凹的纵槽，两侧面具皱条纹及洼点，内果皮石质。花期 3 ~ 4 月，果期 8 ~ 11 月。

分布与生境

产于安徽南部、浙江、江西、福建、台湾、湖北、湖南、广东、广西、海南、香港、四川、重庆、贵州和云南东南部；生于海拔（100 ~ ）300 ~ 1 880 m 的山地常绿阔叶林、杂木林和疏林内或林缘。

经济用途

四季常青，树形挺拔，树姿优美，具有较强的耐盐碱性、耐干旱能力和抗风能力，适宜作为沿海地区的行道树、庭园树、风景林与防护林。

250 西南卫矛

学名： *Euonymus hamiltonianus* Wall. **科名：** 卫矛科 **属名：** 卫矛属

识别特征

小乔木，枝条无栓翅，但小枝的棱上有时有4条极窄木栓棱，与栓翅卫矛 E. phellomanus Loes. 极相近，但本种叶较大，卵状椭圆形、长方椭圆形或椭圆披针形，叶柄也较粗长。蒴果较大。花期5～6月，果期9～10月。叶形多变，以椭圆形、叶基宽圆者为最典型。

分布与生境

产于甘肃、陕西、四川、湖南、湖北、江西、安徽、浙江、福建、广东、广西。一般生长于2 000 m以下的山地林中。分布南至印度。

经济用途

西南卫矛是一种优良的观枝、观叶、观果树种。其树姿优美、枝叶茂密、叶片硕大、叶色浓绿、叶面光亮，夏秋粉红色的蒴果挂满枝头，绿叶红果，妙趣横生。1～3年生枝条为青绿色，每当中国北方冬季来临，或万木凋零，或漫天飞雪，而西南卫矛树冠外围却布满翠绿的枝条，依然显示出勃勃生机，是美丽的冬景树种。

251 垂丝卫矛

学名：*Euonymus oxyphyllus* Miq.　**科名：**卫矛科　**属名：**卫矛属

识别特征

灌木，叶卵圆形或椭圆形，先端渐尖至长渐尖，基部近圆形或平截圆形，边缘有细密锯齿，锯齿明显或浅而不显。聚伞花序宽疏，通常 7 ～ 20 朵花。花序梗细长，顶端 3 ～ 5 分枝，每分枝具一个三出小聚伞。小花梗长 3 ～ 7 mm。花淡绿色，5 数。花瓣近圆形。花盘圆，5 浅裂。雄蕊花丝极短。子房圆锥状，顶端渐窄成柱状花柱。蒴果近球状，无翅，仅果皮背缝处常有突起棱线。果序梗细长下垂。

分布与生境

产于辽宁、山东、安徽、浙江、台湾、江西和湖北（神农架）。多见于低山坡地杂木林内，以在浓荫下生长最好。庭园常有栽培。朝鲜、日本有分布。

经济用途

具有祛风除湿、活血通经、利水解毒的功效。常用于治疗风湿痹痛、痢疾、泄泻、痛经、闭经、跌打骨折、脚气、水肿、阴囊湿痒、疮痈肿毒。

252 冬青卫矛

学名： *Euonymus japonicus* Thunb.　**科名：** 卫矛科　**属名：** 卫矛属

识别特征

灌木，小枝四棱，具细微皱突。叶革质，有光泽，倒卵形或椭圆形，先端圆阔或急尖，基部楔形，边缘具有浅细钝齿。聚伞花序5 ~ 12朵花，分枝及花序梗均扁壮，第三次分枝常与小花梗等长或较短。花白绿色。花瓣近卵圆形，雄蕊花药长圆状，内向。子房每室2胚珠，着生中轴顶部。蒴果近球状，淡红色。种子每室1粒，顶生，椭圆状，假种皮橘红色，全包种子。花期6 ~ 7月，果熟期9 ~ 10月。

分布与生境

本种最先于日本发现，引入栽培，观赏或做绿篱，我国南北各省区均有栽培，野生者多在近人家处发现。由于长期栽培，叶形大小及叶面斑纹等变异，有多数园艺变型。

经济用途

根、茎、叶具有医药价值，可调经止痛，用于月经不调、痛经、跌打损伤、骨折、小便淋痛。冬青卫矛对多种有毒气体抗性很强，抗烟吸尘功能也强，并能净化空气，是污染区理想的绿化树种。

253 粉背南蛇藤

学名： *Celastrus hypoleucus* (Oliv.) Warb. ex Loes.

科名： 卫矛科　**属名：** 南蛇藤属

识别特征

小枝具稀疏阔椭圆形或近圆形皮孔，当年小枝上无皮孔。腋芽小，圆三角状。叶椭圆形或长方椭圆形，先端短渐尖，基部钝楔形，边缘具锯齿，侧脉 5 ~ 7 对，叶面绿色，光滑，叶背粉灰色，主脉及侧脉被短毛或光滑无毛。顶生聚伞圆锥花序，多花，腋生者短小，具 3 ~ 7 花，花序梗较短，花后明显伸长，关节在中部以上。花萼近三角形，顶端钝。花瓣长方形或椭圆形，花盘杯状，顶端平截。子房椭圆状，柱头扁平。果序顶生，长而下垂，腋生花多不结实。蒴果疏生，球状，有细长小果梗，果瓣内侧有棕红色细点，种子平凸到稍新月状，两端较尖，黑色到黑褐色。花期 6 ~ 8 月，果期 10 月。

分布与生境

产于河南、陕西、甘肃东部、湖北、四川、贵州。多生长于海拔 400 ~ 2 500 m 的丛林中。

经济用途

粉背南蛇藤是出名的纤维植物。树皮可制优质纤维，拉力强，可作纺织和制造高级纸张的原料，经化学脱胶后可与棉麻混纺。种子含油率达 45% ~ 52%，是适合发展潜在燃料油的植物物种之一，市场前景广阔。

254 短梗南蛇藤

学名： *Celastrus rosthornianus* Loes.　**科名：** 卫矛科　**属名：** 南蛇藤属

识别特征

小枝具较稀皮孔，腋芽圆锥状或卵状。叶纸质，果期常稍革质，叶片长方椭圆形、长方窄椭圆形，稀倒卵椭圆形，先端急尖或短渐尖，基部楔形或阔楔形，边缘是疏浅锯齿，或基部近全缘，侧脉 4 ～ 6 对。花序顶生及腋生，顶生者为总状聚伞花序，腋生者短小，具 1 至数花，花序梗短。小花梗节在中部或稍下。萼片长圆形，边缘啮蚀状。花瓣近长方形。花盘浅裂，裂片顶端近平截。雄蕊较花冠稍短。雌蕊子房球状，柱头 3 裂，每裂再 2 深裂，近丝状。蒴果近球状，近果处较粗。种子阔椭圆状。花期 4 ～ 5 月，果期 8 ～ 10 月。

分布与生境

产于甘肃、陕西西部、河南、安徽、浙江、江西、湖北、湖南、贵州、四川、福建、广东、广西、云南。生长于海拔 500 ～ 1 800 m 的山坡林缘和丛林下，有时高达 3 100 m 处。

经济用途

茎皮纤维质量较好，根皮入药，治蛇咬伤及肿毒，树皮及叶可作农药。

255 元宝槭

学名： *Acer truncatum* Bunge **科名：** 无患子科 **属名：** 槭属

识别特征

落叶乔木，树皮灰褐色或深褐色，深纵裂。小枝无毛，当年生枝绿色，多年生枝灰褐色，具圆形皮孔。冬芽小，卵圆形。鳞片锐尖，外侧微被短柔毛。叶纸质，常5裂，稀7裂，基部截形，稀近于心脏形。裂片三角卵形或披针形，先端锐尖或尾状锐尖，边缘全缘，有时中央裂片的上段再3裂。裂片间的凹缺锐尖或钝尖，上面深绿色，无毛，下面淡绿色，嫩时脉腋被丛毛，其余部分无毛，渐老全部无毛。主脉5条，在上面显著，在下面微凸起。侧脉在上面微显著，在下面显著。叶柄无毛，稀嫩时顶端被短柔毛。花黄绿色，杂性，雄花与两性花同株，常成无毛的伞房花序。萼片5，黄绿色，长圆形，先端钝形。花瓣5，淡黄色或淡白色，长圆倒卵形。雄蕊8，生于雄花者长2 ~ 3 mm，生于两性花者较短，着生于花盘的内缘，花药黄色，花丝无毛。花盘微裂。子房嫩时有黏性，无毛，花柱短，无毛，2裂，柱头反卷，微弯曲。花梗细瘦，无毛。翅果嫩时淡绿色，成熟时淡黄色或淡褐色，常成下垂的伞房果序。小坚果压扁状。翅长圆形，两侧平行，常与小坚果等长，稀稍长，张开成锐角或钝角。花期4月，果期8月。

分布与生境

产于吉林、辽宁、内蒙古、河北、山西、山东、江苏、河南、陕西及甘肃等省（区）。生于海拔400 ~ 1 000 m的疏林中。

经济用途

元宝槭是一种很好的庭园树和行道树，在华北各省大量推广繁殖，作为行道树，不仅引种容易，而且树冠很大，具备良好的庇荫条件，不亚于法国梧桐、洋槐等树。种子含油丰富，可作工业原料，木材细密，可制造各种特殊用具，并可作建筑材料。

256 五角枫

学名： *Acer pictum* subsp. *mono* (Maxim.) H. Ohashi

科名： 无患子科　**属名：** 槭属

识别特征

落叶乔木，树皮粗糙，常纵裂，灰色，稀深灰色或灰褐色。小枝细瘦，无毛，当年生枝绿色或紫绿色，多年生枝灰色或淡灰色，具圆形皮孔。冬芽近于球形，鳞片卵形，外侧无毛，边缘具纤毛。叶纸质，基部截形或近于心脏形，叶片的外貌近于椭圆形，常 5 裂，有时 3 裂及 7 裂的叶生于同一树上。裂片卵形，先端锐尖或尾状锐尖，全缘，裂片间的凹缺常锐尖，深达叶片的中段，上面深绿色，无毛，下面淡绿色，除在叶脉上或脉腋被黄色短柔毛外，其余部分无毛。主脉 5 条，在上面显著，在下面微凸起，侧脉在两面均不显著。叶柄细瘦，无毛。花多数，杂性，雄花与两性花同株，多数常成无毛的顶生圆锥状伞房花序，长与宽均约 4 cm，生于有叶的枝上，花序的总花梗长 1 ~ 2 cm，花的开放与叶的生长同时。萼片 5，黄绿色，长圆形，顶端钝形。花瓣 5，淡白色，椭圆形或椭圆倒卵形。雄蕊 8，无毛，比花瓣短，位于花盘内侧的边缘，花药黄色，椭圆形。子房无毛或近于无毛，在雄花中不发育，花柱无毛，很短，柱头 2 裂，反卷。花梗细瘦，无毛。翅果嫩时紫绿色，成熟时淡黄色。小坚果压扁状。翅长圆形。花期 5 月，果期 9 月。

分布与生境

产于浙江西北部。生于海拔 400 m 的丛林中。

经济用途

具有祛风除湿、活血化瘀的功效，主治风湿骨痛、骨折、跌打损伤等病症。五角枫树姿优美，叶形秀丽，秋叶红艳，具有较高的观赏价值。木材坚硬、细致，有光泽，为家具、农具及细木工用材。

257 苦条槭

学名： *Acer tataricum* subsp. *theiferum* (W. P. Fang) Y. S. Chen & P. C. de Jong

科名： 无患子科　**属名：** 槭属

识别特征

叶系薄纸质、卵形或椭圆状卵形，不分裂或不明显的 3 ~ 5 裂，边缘有不规则的锐尖重锯齿，下面有白色疏柔毛。花序有白色疏柔毛。子房有疏柔毛，翅果较大，张开近于直立或成锐角。花期 5 月，果期 9 月。

分布与生境

产于华东和华中各省区。生于低海拔的山坡疏林中。

经济用途

树皮、叶和果实都含鞣质，可提制栲胶，又可为黑色染料。树皮的纤维可作人造棉和造纸的原料。嫩叶烘干后可代替茶叶作为饮料，有降低血压的作用，又为夏季丝织工作人员的一种特殊饮料，服后汗水落在丝绸上，无黄色斑点。种子榨油，可用以制造肥皂。

258 鸡爪槭

学名： *Acer palmatum* Thunb. **科名：** 无患子科 **属名：** 槭属

识别特征

落叶小乔木，树皮深灰色。小枝细瘦。当年生枝紫色或淡紫绿色。多年生枝淡灰紫色或深紫色。叶纸质，外貌圆形，基部心脏形或近于心脏形，稀截形，5 ~ 9 掌状分裂，通常 7 裂，裂片长圆卵形或披针形，先端锐尖或长锐尖，边缘具紧贴的尖锐锯齿。裂片间的凹缺钝尖或锐尖，深达叶片的直径的 1/2 或 1/3。上面深绿色，无毛。下面淡绿色，在叶脉的脉腋被有白色丛毛。主脉在上面微显著，在下面凸起。叶柄细瘦，无毛。花紫色，杂性，雄花与两性花同株，生于无毛的伞房花序。萼片 5，卵状披针形，先端锐尖。花瓣 5，椭圆形或倒卵形，先端钝圆，长约 2 mm。雄蕊 8，无毛，较花瓣略短而藏于其内。花盘位于雄蕊的外侧，微裂。子房无毛，花柱长，2 裂，柱头扁平，花梗细瘦，无毛。翅果嫩时紫红色，成熟时淡棕黄色。小坚果球形，脉纹显著。花期 5 月，果期 9 月。

分布与生境

产于山东、河南、江苏、浙江、安徽、江西、湖北、湖南、贵州等省。生于海拔 200 ~ 1 200 m 的林边或疏林中。朝鲜和日本也有分布。

经济用途

枝、叶辛，味微苦，能行气止痛、解毒消痈。夏秋季节采集鸡爪槭的枝叶，晒干、切段后可入药，对治疗气滞腹痛、发背痈肿等症状尤为有用；鸡爪槭叶形美观，入秋后转为鲜红色，色艳如花，灿烂如霞，为优良的观叶树种。此外，它还是较好的“四旁”绿化树种，对二氧化硫和烟尘等抵抗能力和吸收能力均较强。

259 蜡枝槭

学名： *Acer ceriferum* Rehd. **科名：** 无患子科 **属名：** 槭属

识别特征

落叶乔木，树皮平滑，灰色或深灰色。小枝细瘦，当年生枝淡紫色或淡紫绿色，密被淡灰色长柔毛，多年生枝褐色或灰褐色，微被长柔毛，被灰色的蜡质粉末。叶纸质，外貌圆形，基部截形，稀近于心脏形，常7裂，稀5裂。裂片长圆卵形，稀披针形，先端锐尖，边缘具尖锐的细锯齿，裂片间的凹缺很狭窄，深达叶片的1/2。上面深绿色，平滑，无毛，下面淡绿色，网脉微现，除脉腋被丛毛外，其余部分无毛。主脉在上面微下凹，在下面凸起显著。叶柄细瘦，被长柔毛。花的特性不详。果实紫黄色，常成小的伞房果序。小坚果凸起，被长柔毛。宿存的萼片长圆形或长圆披针形，两面均被长柔毛。果期9月。

分布与生境

产于湖北西部。生于海拔1 500 m的山谷疏林中。

经济用途

姿态潇洒，婆娑宜人，叶形优美，能产生轻盈秀丽的效果，使人感到轻快，因而非常适于小型庭园的造景，多孤植、丛植。

260 飞蛾槭

学名： *Acer oblongum* Wall. ex DC. **科名：** 无患子科 **属名：** 槭属

识别特征

常绿乔木，树皮灰色或深灰色，粗糙，裂成薄片脱落。小枝细瘦，近于圆柱形。当年生嫩枝紫色或紫绿色，近于无毛。多年生老枝褐色或深褐色。冬芽小，褐色，近于无毛。叶革质，长圆卵形，全缘，基部钝形或近于圆形，先端渐尖或钝尖。下面有白粉。主脉在上面显著，在下面凸起，侧脉 6 ~ 7 对，基部的一对侧脉较长，其长度为叶片的 1/3 ~ 1/2，小叶脉显著，呈网状。叶柄黄绿色，无毛。花杂性，绿色或黄绿色，雄花与两性花同株，常成被短毛的伞房花序，顶生于具叶的小枝。萼片 5，长圆形，先端钝尖。花瓣 5，倒卵形。雄蕊 8，细瘦，无毛，花药圆形。花盘微裂，位于雄蕊外侧。子房被短柔毛，在雄花中不发育，花柱短，无毛，2 裂，柱头反卷。花梗细瘦。翅果嫩时绿色，成熟时淡黄褐色。小坚果凸起成四棱形。果梗细瘦，无毛。花期 4 月，果期 9 月。

分布与生境

产于陕西南部、甘肃南部、湖北西部、四川、贵州、云南和西藏南部。生于海拔 1 000 ~ 1 800 m 的阔叶林中。尼泊尔、锡金和印度北部也有分布。

经济用途

株型紧凑，枝叶繁茂，叶两面异色，在风中绿白变幻，是优良的庭园观赏树种，适于庭园及公园各处孤植、丛植，也可用作群落中层乔木。它的种子可榨油，用于制作肥皂。木材可作建筑、家具、器具及南阳冬青木烙花筷等的用材。

261 青楷槭

学名： *Acer tegmentosum* Maxim. **科名：** 无患子科 **属名：** 槭属

识别特征

落叶乔木，树皮灰色或深灰色，平滑，现裂纹。几小枝无毛，当年生小枝紫色或紫绿色，多年生枝黄绿色或灰褐色。冬芽椭圆形。鳞片浅褐色，无毛，叶纸质，近于圆形或卵形，边缘有钝尖的重锯齿。基部圆形或近于心脏形，3 ~ 7 裂，通常 5 裂。裂片三角形或钝尖形，先端常具短锐尖头。裂片间的凹缺通常钝尖，上面深绿色，无毛，下面淡绿色，脉腋有淡黄色的丛毛。主脉 5 条，由基部生出，侧脉 7 ~ 8 对，均在上面微现，在下面显著。叶柄无毛。花黄绿色，杂性，雄花与两性花同株，常成无毛的总状花序。萼片 5，长圆形，先端钝形。花瓣 5，倒卵形。雄蕊 8。无毛，在两性花中不发育。花盘无毛，位于雄蕊的内侧。子房无毛，在雄花中不发育，花柱短，柱头微被短柔毛，略弯曲。翅果无毛，黄褐色。小坚果微扁平。果梗细瘦。花期 4 月，果期 9 月。

分布与生境

产于黑龙江、吉林、辽宁等省。生于海拔 500 ~ 1 000 m 的疏林中。俄罗斯西伯利亚东部和朝鲜北部也有分布。

经济用途

木材具有经济价值，可用于制作小器具、农具、手柄等。树形优美，是优良的观赏树种。

262 栾树

学名： *Koelreuteria paniculata* Laxm. **科名：** 无患子科 **属名：** 栾属

识别特征

落叶乔木或灌木。树皮厚，灰褐色至灰黑色，老时纵裂。皮孔小，灰至暗褐色。小枝具疣点，与叶轴、叶柄均被皱曲的短柔毛或无毛。叶丛生于当年生枝上，平展，一回、不完全二回或偶有二回羽状复叶。小叶（7 ~ ）11 ~ 18 片（顶生小叶有时与最上部的一对小叶在中部以下合生），无柄或具极短的柄，对生或互生，纸质，卵形、阔卵形至卵状披针形，顶端短尖或短渐尖，基部钝至近截形，边缘有不规则的钝锯齿，齿端具小尖头，有时近基部的齿疏离呈缺刻状，或羽状深裂达中肋而形成二回羽状复叶，上面仅中脉上散生皱曲的短柔毛，下面在脉腋具髯毛，有时小叶背面被茸毛。聚伞圆锥花序，密被微柔毛，分枝长而广展，在末次分枝上的聚伞花序具花 3 ~ 6 朵，密集呈头状。苞片狭披针形，被小粗毛。花淡黄色，稍芬芳。萼裂片卵形，边缘具腺状缘毛，呈啮蚀状。花瓣 4，开花时向外反折，线状长圆形，被长柔毛，瓣片基部的鳞片初时黄色，开花时橙红色，有参差不齐的深裂，被疣状皱曲的毛。雄蕊 8 枚，花丝下半部密被白色、开展的长柔毛。花盘偏斜，有圆钝小裂片。子房三棱形，除棱上具缘毛外无毛，退化子房密被小粗毛。蒴果圆锥形，具 3 棱，顶端渐尖，果瓣卵形，外面有网纹，内面平滑且略有光泽。种子近球形。花期 6 ~ 8 月，果期 9 ~ 10 月。

分布与生境

产于我国大部分省区，东北自辽宁起经中部至西南部的云南。世界各地有栽培。

经济用途

耐寒、耐旱，常栽培作庭园观赏树。木材黄白色，易加工，可制家具。叶可作蓝色染料，花供药用，亦可作黄色染料。

263 黄山栾树

学名： *Koelreuteria bipinnata 'integrifoliola'* (Merr.) T.Chen

科名： 无患子科　**属名：** 栾属

识别特征

乔木，皮孔圆形至椭圆形，枝具小疣点。叶平展，二回羽状复叶，叶轴和叶柄向轴面常有一纵行皱曲的短柔毛，小叶 9 ~ 17 片，互生，很少对生，纸质或近革质，斜卵形，顶端短尖至短渐尖，基部阔楔形或圆形，略偏斜，边缘有内弯的小锯齿，两面无毛或上面中脉上被微柔毛，下面密被短柔毛，有时杂以皱曲的毛。圆锥花序大型，分枝广展，与花梗同被短柔毛。萼 5 裂达中部，裂片阔卵状三角形或长圆形，有短而硬的缘毛及流苏状腺体，边缘呈啮蚀状。花瓣 4，长圆状披针形，顶端钝或短尖，被长柔毛，鳞片深 2 裂，雄蕊 8 枚，花丝被白色、开展的长柔毛，下半部毛较多，花药有短疏毛，子房三棱状长圆形，被柔毛。蒴果椭圆形或近球形，具 3 棱，淡紫红色，老熟时褐色，顶端钝或圆；有小凸尖，果瓣椭圆形至近圆形，外面具网状脉纹，内面有光泽，种子近球形。花期 7 ~ 9 月，果期 8 ~ 10 月。

分布与生境

产于云南、贵州、四川、湖北、湖南、广西、广东等省（区）。生于海拔 400 ~ 2 500 m 的山地疏林中。

经济用途

速生树种，常栽培于庭园供观赏。木材可制家具，种子油工业用。根入药，有消肿、止痛、活血、驱蛔等功效，亦治风热咳嗽，花能清肝明目、清热止咳，又为黄色染料。

264 阔叶清风藤

学名： *Sabia yunnanensis* subsp. *latifolia* (Rehd.et Wils.) Y.F.Wu

科名： 清风藤科　**属名：** 清风藤属

识别特征

本种与云南清风藤相似，其主要区别是前者叶片椭圆状长圆形、椭圆状倒卵形或倒卵状圆形。花瓣通常有缘毛，基部无紫红色斑点。花盘中部无凸起的褐色腺点。后者叶片卵状披针形、长圆状卵形或倒卵状长圆形。花瓣基部有紫红色斑点，无缘毛。花盘中部有褐色凸起的腺点。

分布与生境

分布于云南中部及西北部。产于四川中南部及贵州。生于海拔 1 600 ～ 2 600 m 的密林中。

经济用途

茎皮可作纤维。

265 红柴枝

学名：*Meliosma oldhamii* Maxim. **科名：**清风藤科 **属名：**泡花树属

识别特征

落叶乔木，腋芽球形或扁球形，密被淡褐色柔毛，羽状复叶。有小叶 7 ~ 15 片，叶总轴、小叶柄及叶两面均被褐色柔毛，小叶薄纸质，下部的卵形，中部的长圆状卵形、狭卵形，顶端一片倒卵形或长圆状倒卵形，先端急尖或锐渐尖，具中脉伸出尖头，基部圆、阔楔形或狭楔形，边缘具疏离的锐尖锯齿。侧脉每边 7 ~ 8 条，弯拱至近叶缘开叉网结，脉腋有髯毛。圆锥花序顶生，直立，具 3 次分枝，被褐色短柔毛。花白色。萼片 5，椭圆状卵形，外 1 片较狭小，具缘毛。外面 3 片花瓣近圆形，内面 2 片花瓣稍短于花丝，2 裂达中部，有时 3 裂而中间裂片微小，侧裂片狭倒卵形，先端有缘毛。子房被黄色柔毛，花柱约与子房等长。核果球形，核具明显凸起网纹，中肋明显隆起，从腹孔一边延至另一边，腹部稍突出。花期 5 ~ 6 月，果期 8 ~ 9 月。

分布与生境

产于贵州、广西东北部、广东北部、江西、浙江、江苏、安徽、湖北、河南、陕西南部。生于海拔 300 ~ 1 300 m 的湿润山坡、山谷林间。也分布于朝鲜和日本。

经济用途

木材坚硬，可作车辆用材。种子油可制润滑油。

266 珂楠树

学名： *Kingsboroughia alba* (Schltdl.) Liebm. **科名：** 清风藤科 **属名：** 珂楠树属

识别特征

乔木，小枝被褐色短绒毛。羽状复叶，小叶 5 ~ 13，纸质，卵形或窄卵形，顶端的卵状椭圆形，先端渐尖，基部宽楔形或圆钝，偏斜，疏生小齿，稀近全缘，嫩叶上面、下面、小叶柄及叶轴均被褐色柔毛，脉腋有黄色髯毛，侧脉 8 ~ 10 对，远离叶缘开叉网结，顶端小叶柄具节。圆锥花序常数个集生近枝端，广展下垂，2（3）次分枝，被褐色柔毛。花淡黄色。萼片 4，卵形。外面 3 片花瓣宽肾形，先端凹，内面 2 片花瓣约与花丝等长，2 尖裂至 1/4。核果球形。核扁球形，腹部平，三角状圆形，侧面平滑，中肋圆钝。花期 5 ~ 6 月，果期 8 ~ 10 月。

分布与生境

国内产地：云南北部、贵州西北部、四川、湖南、湖北、江西、浙江等。国外分布：缅甸北部。生境：湿润山地的密林或疏林中。

经济用途

木材木质坚硬，一般可作为建筑、车辆、家具等用材。种子还可榨油供工业用。

267 凤仙花

学名：*Saururus chinensis* (Lour.) Baill **科名：**凤仙花科 **属名：**凤仙花属

识别特征

一年生草本，茎粗壮，肉质，直立，不分枝或有分枝，无毛或幼时被疏柔毛，具多数纤维状根，下部节常膨大。叶互生，最下部叶有时对生。叶片披针形、狭椭圆形或倒披针形，先端尖或渐尖，基部楔形，边缘有锐锯齿，向基部常有数对无柄的黑色腺体，两面无毛或被疏柔毛，侧脉 4 ~ 7 对。叶柄上面有浅沟，两侧具数对具柄的腺体。花单生或 2 ~ 3 朵簇生于叶腋，无总花梗，白色、粉红色或紫色，单瓣或重瓣。花梗密被柔毛。苞片线形，位于花梗的基部。侧生萼片 2，卵形或卵状披针形，唇瓣深舟状，被柔毛。旗瓣圆形，兜状，先端微凹，背面中肋具狭龙骨状突起，顶端具小尖，翼瓣具短柄，2 裂，下部裂片小，倒卵状长圆形，上部裂片近圆形，先端 2 浅裂，外缘近基部具小耳。雄蕊 5，花丝线形，花药卵球形，顶端钝。子房纺锤形，密被柔毛。蒴果宽纺锤形，两端尖，密被柔毛。种子多数，圆球形，黑褐色。花期 7 ~ 10 月。

分布与生境

我国各地庭园广泛栽培，为习见的观赏花卉。

经济用途

民间常用其花及叶染指甲。茎及种子入药。茎称“凤仙透骨草”，有祛风湿、活血、止痛之效，用于治疗风湿性关节痛、屈伸不利。种子称“急性子”，有软坚、消积之效，用于治疗噎膈、骨鲠咽喉、腹部肿块、闭经。

268 异萼凤仙花

学名： *Impatiens lushiensis* Y. L. Chen　**科名：** 凤仙花科　**属名：** 凤仙花属

识别特征

一年生草本，茎直立，上部多分枝，无毛或被疏毛。叶互生，具柄，卵形或卵状披针形，顶端尾状渐尖，基部圆形或浅心形，稀宽楔形，边缘具锐锯齿，侧脉 6 ~ 8 对，无毛或稀被疏毛。叶柄基部具 2 ~ 4 个腺体。总花梗生于上部叶腋，具 2 ~ 4 朵花。花梗细，中部有苞片。苞片卵形，宿存。花淡紫色，侧生萼片 4，外面 2 个较大，斜卵形，中肋背面隆起，内面 2 个极小，钻形，紧贴旗瓣，旗瓣肾状圆形，中肋背面增厚，具龙骨状突起，顶端具小尖，中央深紫色，边缘淡紫色。翼瓣近无柄，2 裂，基部裂片圆形，黄色，上部裂片长圆状斧形，顶端圆钝，背部具反折的宽小耳。唇瓣囊状，上部粉紫色，下部黄色，喉部具紫色斑点。花丝线形。花药尖。蒴果线形，顶端喙尖。花果期 8 ~ 9 月。

分布与生境

产于河南（桐柏、卢氏）。生于林下、草地或溪边，海拔 500 ~ 1 200 m。

经济用途

姿态优美，因其花色、品种极为丰富，是美化花坛、花境的常用材料，可丛植、群植和盆栽，也可作切花水养。

269 细柄凤仙花

学名： *Impatiens leptocaulon* Hook. f. **科名：** 凤仙花科 **属名：** 凤仙花属

识别特征

一年生草本，茎纤弱，直立，不分枝或分枝，节和上部生褐色柔毛。叶互生，卵形或卵状披针形，先端尖或渐尖，基部狭楔形，有几个腺体，边缘有小圆齿或小锯齿，无毛，叶脉 5 ~ 8 对。总花梗细，有 1 或 2 朵花。花梗短，中上部有披针形苞片。花红紫色。侧生萼片 2 片，半卵形，长突尖，不等侧，一边透明，有细齿。旗瓣圆形，中肋龙骨状，先端有小喙。翼瓣无柄，基部裂片小，圆形，上部裂片倒卵状矩圆形，背面有钝小耳。唇瓣舟形，下延长成内弯的长矩。花药钝。蒴果条形。

分布与生境

产于湖北、湖南、贵州、云南、四川、重庆。生于山坡草丛中、阴湿处或林下沟边，海拔 1 200 ~ 2 000 m。

经济用途

全草入药，治痨伤、妇女气血不和。

270 雀梅藤

学名： *Sageretia thea* (Osbeck) Johnst. **科名：** 鼠李科 **属名：** 雀梅藤属

识别特征

藤状或直立灌木，小枝具刺，互生或近对生，褐色，被短柔毛。叶纸质，近对生或互生，通常椭圆形、矩圆形或卵状椭圆形，稀卵形或近圆形，顶端锐尖，钝或圆形，基部圆形或近心形，边缘具细锯齿，上面绿色，无毛，下面浅绿色，无毛或沿脉被柔毛，侧脉每边 3 ~ 4（5）条，上面不明显，下面明显凸起。叶柄被短柔毛。花无梗，黄色，有芳香，通常 2 至数个簇生排成顶生或腋生疏散穗状或圆锥状穗状花序。花序轴被绒毛或密被短柔毛。花萼外面被疏柔毛。萼片三角形或三角状卵形。花瓣匙形，顶端 2 浅裂，常内卷，短于萼片。花柱极短，柱头 3 浅裂，子房 3 室，每室具 1 胚珠。核果近圆球形，成熟时黑色或紫黑色，具 1 ~ 3 分核，味酸。种子扁平，二端微凹。花期 7 ~ 11 月，果期翌年 3 ~ 5 月。

分布与生境

产于安徽、江苏、浙江、江西、福建、台湾、广东、广西、湖南、湖北、四川、云南。常生于海拔 2 100 m 以下的丘陵、山地林下或灌丛中。印度、越南、朝鲜、日本也有分布。

经济用途

叶可代茶，也可供药用，治疮痈肿毒。根可治咳嗽，降气化痰。果酸味可食。由于此植物枝密集具刺，在南方常栽培作绿篱。

271 尾叶雀梅藤

学名： *Sageretia subcaudata* Schneid.　**科名：** 鼠李科　**属名：** 雀梅藤属

识别特征

藤状或直立灌木，小枝黑褐色，无毛或被疏短柔毛。叶纸质或薄革质，近对生或互生，卵形、卵状椭圆形或矩圆形，顶端尾状渐尖或长渐尖，稀锐尖，基部心形或近圆形，边缘具浅锯齿，上面绿色，无毛，下面初时被柔毛，后渐脱落，或仅沿脉被疏柔毛，侧脉每边（6）7 ~ 10 条，上面明显下陷，下面凸起，具明显的网脉。叶柄上面具沟，被密或疏柔毛。托叶丝状。花无梗，黄白色或白色。通常单生或 2 ~ 3 个簇生排成顶生或腋生疏散穗状或穗状圆锥花序。花序轴被黄色绒毛。苞片三角状钻形，无毛。花萼外面被疏短柔毛，萼片三角形，顶端尖。花瓣倒卵形，短于萼片，顶端微凹。雄蕊约与花瓣等长。核果球形，具 2 分核，成熟时黑色。种子宽倒卵形，黄色，扁平。花期 7 ~ 11 月，果期翌年 4 ~ 5 月。

分布与生境

产于湖北、湖南、四川东部、陕西南部、河南西部、江西、贵州、云南、西藏、广东北部。生于海拔 200 ~ 2 000 m 的山谷山地林中或灌丛。

经济用途

叶可供药用，根可治咳嗽，降气化痰。

272 长叶冻绿

学名： *Frangula crenata* (Siebold et Zucc.) Miq. **科名：** 鼠李科 **属名：** 裸芽鼠李属

识别特征

落叶灌木或小乔木，顶芽裸露。幼枝带红色，被毛，后脱落，小枝疏被柔毛。叶纸质，倒卵状椭圆形、椭圆形或倒卵形，稀倒披针状椭圆形或长圆形，先端渐尖，尾尖或骤短尖，基部楔形或钝，具圆齿状齿或细锯齿，上面无毛，下面被柔毛或沿脉稍被柔毛，侧脉 7 ~ 12 对。叶柄密被柔毛。花梗被短柔毛。萼片三角形与萼筒等长，有疏微毛。花瓣近圆形，顶端 2 裂。雄蕊与花瓣等长而短于萼片。子房球形，花柱不裂。核果球形或倒卵状球形，绿色或红色，熟时黑色或紫黑色，果柄无或有疏短毛，具 3 分核，各有 1 种子，种子背面无沟。

分布与生境

产于甘肃、陕西、河南、河北、山西、安徽、江苏、浙江、江西、福建、广东、广西、湖北、湖南，四川、贵州。常生于海拔 1 500 m 以下的山地、丘陵、山坡草丛、灌丛或疏林下。朝鲜、日本也有分布。

经济用途

种子油作润滑油，果实、树皮及叶含黄色染料。

273 圆叶鼠李

学名：Rhamnus globosa Bunge **科名：**鼠李科 **属名：**鼠李属

识别特征

灌木，稀小乔木，小枝对生或近对生，灰褐色，顶端具针刺，幼枝和当年生枝被短柔毛。叶纸质或薄纸质，对生或近对生，稀兼互生，或在短枝上簇生，近圆形、倒卵状圆形或卵圆形，稀圆状椭圆形，顶端突尖或短渐尖，稀圆钝，基部宽楔形或近圆形，边缘具圆齿状锯齿，上面绿色，初时被密柔毛，后渐脱落或仅沿脉及边缘被疏柔毛，下面淡绿色，全部或沿脉被柔毛，侧脉每边 3 ～ 4 条，上面下陷，下面凸起，网脉在下面明显。叶柄被密柔毛。托叶线状披针形，宿存，有微毛。花单性，雌雄异株，通常数个至 20 个簇生于短枝端或长枝下部叶腋，稀 2 ～ 3 个生于当年生枝下部叶腋，4 基数，有花瓣，花萼和花梗均有疏微毛，花柱 2 ～ 3 浅裂或半裂。核果球形或倒卵状球形，基部有宿存的萼筒，具 2、稀 3 分核，成熟时黑色。果梗有疏柔毛。种子黑褐色，有光泽，背面或背侧有长为种子 3/5 的纵沟。花期 4 ～ 5 月，果期 6 ～ 10 月。

分布与生境

产于辽宁、河北、山西、河南南部和西部、陕西南部、山东、安徽、江苏、浙江、江西、湖南及甘肃。生于海拔 1 600 m 以下的山坡、林下或灌丛中。

经济用途

种子榨油供润滑油用。茎皮、果实及根可作绿色染料。果实烘干、捣碎，和红糖水煎水服，可治肿毒。

274 薄叶鼠李

学名： *Rhamnus leptophylla* Schneid. **科名：** 鼠李科 **属名：** 鼠李属

识别特征

灌木，稀小乔木，小枝对生或近对生，褐色或黄褐色，稀紫红色，平滑无毛，有光泽，芽小，鳞片数个，无毛。叶纸质，对生或近对生，或在短枝上簇生，倒卵形至倒卵状椭圆形，稀椭圆形或矩圆形，顶端短突尖或锐尖，稀近圆形，基部楔形，边缘具圆齿或钝锯齿，上面深绿色，无毛或沿中脉被疏毛，下面浅绿色，仅脉腋有簇毛，侧脉每边 3 ~ 5 条，具不明显的网脉，上面下陷，下面凸起。叶柄上面有小沟，无毛或被疏短毛。托叶线形，早落。花单性，雌雄异株，4 基数，有花瓣。花梗无毛。雄花 10 ~ 20 个簇生于短枝端。雌花数个至 10 余个簇生于短枝端或长枝下部叶腋，退化雄蕊极小，花柱 2 半裂。核果球形，基部有宿存的萼筒，有 2 ~ 3 个分核，成熟时黑色。种子宽倒卵圆形，背面具纵沟。花期 3 ~ 5 月，果期 5 ~ 10 月。

分布与生境

广布于陕西、河南、山东、安徽、浙江、江西、福建、广东、广西、湖南、湖北、四川、云南、贵州等省（区）。生于山坡、山谷、路旁灌丛中或林缘，海拔 1 700 ~ 2 600 m。

经济用途

全草药用，有清热、解毒、活血的功效。在广西用根、果及叶利水行气、消积通便、清热止咳。

275 皱叶鼠李

学名： *Rhamnus rugulosa* Hemsl. **科名：** 鼠李科 **属名：** 鼠李属

识别特征

灌木，当年生枝灰绿色，后变红紫色，被细短柔毛，老枝深红色或紫黑色，平滑无毛，有光泽，互生，枝端有针刺。腋芽小，卵形，鳞片数个，被疏毛。叶厚纸质，通常互生，或 2 ~ 5 个在短枝端簇生，倒卵状椭圆形、倒卵形或卵状椭圆形，稀卵形或宽椭圆形，顶端锐尖或短渐尖，稀近圆形，基部圆形或楔形，边缘有钝细锯齿或细浅齿，或下部边缘有不明显的细齿，上面暗绿色，被密或疏短柔毛，干时常皱褶，下面灰绿色或灰白色，有白色密短柔毛，侧脉每边 5 ~ 7（8）条，上面下陷，下面凸起。叶柄被白色短柔毛。托叶长线形，有毛，早落。花单性，雌雄异株，黄绿色，被疏短柔毛，4 基数，有花瓣。花梗有疏毛。雄花数个至 20 个，雌花 1 ~ 10 个簇生于当年生枝下部或短枝顶端，雌花有退化雄蕊，子房球形，3 稀 2 室，每室有 1 胚珠，花柱长而扁，3 浅裂或近半裂，稀 2 半裂。核果倒卵状球形或圆球形，成熟时紫黑色或黑色，具 2 或 3 分核，基部有宿存的萼筒。果梗被疏毛。种子矩圆状倒卵圆形，褐色，有光泽，背面有与种子近等长的纵沟。花期 4 ~ 5 月，果期 6 ~ 9 月。

分布与生境

广泛分布于甘肃南部、陕西南部、山西南部、河南、安徽、江西、湖南、湖北、四川东部及广东。常生于山坡、路旁或沟边灌丛中，海拔 500 ~ 2 300 m。

经济用途

种子榨油作润滑油。果肉药用，解热、泻下及治瘰疬等，树皮和叶可提取栲胶，树皮和果实可提制黄色染料。木材坚实，可供制家具及雕刻之用。

276 枣

学名： *Ziziphus jujuba* Mill. **科名：** 鼠李科 **属名：** 枣属

识别特征

落叶小乔木，稀灌木，树皮褐色或灰褐色。有长枝，短枝和无芽小枝（新枝）比长枝光滑，紫红色或灰褐色，呈"之"字形曲折，具2个托叶刺，长刺可达3 cm，粗直，短刺下弯。短枝短粗，矩状，自老枝发出。当年生小枝绿色，下垂，单生或2～7个簇生于短枝上。叶纸质，卵形，卵状椭圆形，或卵状矩圆形，顶端钝或圆形，稀锐尖，具小尖头，基部稍不对称，近圆形，边缘具圆齿状锯齿，上面深绿色，无毛，下面浅绿色，无毛或仅沿脉多少被疏微毛，基生三出脉。叶柄无毛或有疏微毛。托叶刺纤细，后期常脱落。花黄绿色，两性，5基数，无毛，具短总花梗，单生或2～8个密集成腋生聚伞花序。萼片卵状三角形。花瓣倒卵圆形，基部有爪，与雄蕊等长。花盘厚，肉质，圆形，5裂。子房下部藏于花盘内，与花盘合生，2室，每室有1胚珠，花柱2半裂。核果矩圆形或长卵圆形，成熟时红色，后变红紫色，中果皮肉质，厚，味甜，核顶端锐尖，基部锐尖或钝，2室，具1或2枚种子。种子扁椭圆形。花期5～7月，果期8～9月。

分布与生境

产于吉林、辽宁、河北、山东、山西、陕西、河南、甘肃、新疆、安徽、江苏、浙江、江西、福建、广东、广西、湖南、湖北、四川、云南、贵州。生长于海拔1 700 m以下的山区、丘陵或平原。广为栽培。本种原产于我国，现在亚洲、欧洲和美洲常有栽培。

经济用途

枣的果实味甜，含有丰富的维生素C、P，除供鲜食外，常可以制成蜜枣、红枣、熏枣、黑枣、酒枣及牙枣等蜜饯和果脯，还可以做枣泥、枣面、枣酒、枣醋等，为食品工业原料。枣又供药用，有养胃、健脾、益血、滋补、强身之效，枣仁和根均可入药，枣仁可以安神，为重要药品之一。枣树花期较长，芳香多蜜，为良好的蜜源植物。

277 卵叶猫乳

学名：*Rhamnella wilsonii* Schneid. **科名：**鼠李科 **属名：**猫乳属

识别特征

灌木，稀小乔木，幼枝绿色，无毛。老枝褐色。芽小，顶端钝。叶纸质，卵形或卵状椭圆形，顶端短渐尖，稀锐尖，基部圆形或宽楔形，稍偏斜，边缘近全缘，或中部以上有不明显的细锯齿，两面无毛，下面干后灰白色，侧脉少数，每边 3 ～ 5 条，通常 4 条。叶柄长 3 ～ 7 mm，无毛或被疏柔毛。托叶钻形，部分脱落。花黄绿色，两性，2 ～ 6 个簇生或排成腋生聚伞花序，无毛。总花梗很短或近无总梗。核果圆柱形，成熟时紫黑色或黑色。果梗无毛。花期 5 ～ 7 月，果期 7 ～ 10 月。

分布与生境

产于四川西部（小金、金川、马尔康）、西藏东部（察雅）。生于山坡或河谷灌丛或林缘，海拔 2 000 ～ 3 000 m。

经济用途

根供药用，治疥疮。皮含绿色染料。

278 桑叶葡萄

学名： *Vitis heyneana* subsp. *ficifolia* (Bge.) C.L.Li　**科名：** 葡萄科　**属名：** 葡萄属

识别特征

木质藤本。小枝圆柱形，有纵棱纹，被灰色或褐色蛛丝状绒毛。卷须 2 叉分枝，密被绒毛，每隔 2 节间断与叶对生。叶卵圆形、长卵椭圆形或卵状五角形，常有 3 浅裂至中裂并混生有不分裂叶，长 4 ~ 12 cm，宽 3 ~ 8 cm，顶端急尖或渐尖，基部心形或微心形，基缺顶端凹成钝角，稀成锐角，下面密被灰色或褐色绒毛。花杂性异株；圆锥花序疏散，与叶对生，分枝发达，长 4 ~ 14 cm；花序梗长 1 ~ 2 cm，被灰色或褐色蛛丝状绒毛；花梗长 1 ~ 3 mm，无毛；花蕾倒卵圆形或椭圆形，高 1.5 ~ 2 mm，顶端圆形。果实圆球形，成熟时紫黑色，直径 1 ~ 1.3 cm。花期 4 ~ 6 月，果期 6 ~ 10 月。

分布与生境

国内产地：河北、山西、陕西、山东、河南、江苏。生境：山坡、沟谷灌丛或疏林中。海拔：100 ~ 1 300 m。

经济用途

野生种类根、茎、叶或果可作药用，果可食或酿酒，种子可榨油。

279 蘡 薁

学名： *Vitis bryoniifolia* Bunge **科名：** 葡萄科 **属名：** 葡萄属

识别特征

木质藤本，小枝圆柱形，有棱纹，嫩枝密被蛛丝状绒毛或柔毛，以后脱落变稀疏。卷须2叉分枝，每隔2节间断与叶对生。叶长圆卵形，叶片3～5（7）深裂或浅裂，稀混生有不裂叶者，中裂片顶端急尖至渐尖，基部常缢缩凹成圆形，边缘每侧有9～16缺刻粗齿或成羽状分裂，基部心形或深心形，基缺凹成圆形，下面密被蛛丝状绒毛和柔毛，以后脱落变稀疏。基生脉5出，中脉有侧脉4～6对，上面网脉不明显或微突出，下面有时绒毛脱落后柔毛明显可见。叶柄初时密被蛛丝状绒毛和柔毛，以后脱落变稀疏。托叶卵状长圆形或长圆披针形，膜质，褐色，顶端钝，边缘全缘，无毛或近无毛。花杂性异株，圆锥花序与叶对生，基部分枝发达或有时退化成一卷须，稀狭窄而基部分枝不发达。花序梗初时被蛛状丝绒毛，以后变稀疏。花梗无毛。花蕾倒卵椭圆形或近球形，顶端圆形。萼碟形，近全缘，无毛。花瓣5，呈帽状黏合脱落。雄蕊5，花丝丝状，花药黄色，椭圆形，在雌花内雄蕊短而不发达，败育。花盘发达，5裂。雌蕊1，子房椭圆卵形，花柱细短，柱头扩大。果实球形，成熟时紫红色。种子倒卵形，顶端微凹，基部有短喙，种脐在种子背面中部呈圆形或椭圆形，腹面中棱脊突出，两侧洼穴狭窄，向上达种子3/4处。花期4～8月，果期6～10月。

分布与生境

产于河北、陕西、山西、山东、江苏、安徽、浙江、湖北、湖南、江西、福建、广东、广西、四川、云南。生于山谷林中、灌丛、沟边或田埂，海拔150～2 500 m。

经济用途

产于华北的群体有较强的抗寒和抗霜霉病的能力。全株供药用，能祛风湿、消肿痛，藤可造纸，果可酿果酒。

280 葡 萄

学名： *Vitis vinifera* L. **科名：** 葡萄科 **属名：** 葡萄属

识别特征

木质藤本，小枝圆柱形，有纵棱纹，无毛或被稀疏柔毛。卷须 2 叉分枝，每隔 2 节间断与叶对生。叶卵圆形，显著 3 ～ 5 浅裂或中裂，中裂片顶端急尖，裂片常靠合，基部常缢缩，裂缺狭窄，间或宽阔，基部深心形，基缺凹成圆形，两侧常靠合，齿深而粗大，不整齐，齿端急尖，上面绿色，下面浅绿色，无毛或被疏柔毛。基生脉 5 出，中脉有侧脉 4 ～ 5 对，网脉不明显突出。叶柄几无毛。托叶早落。圆锥花序密集或疏散，多花，与叶对生，基部分枝发达。花序梗几无毛或疏生蛛丝状绒毛。花梗无毛。花蕾倒卵圆形，顶端近圆形。萼浅碟形，边缘呈波状，外面无毛。花瓣 5，呈帽状黏合脱落。雄蕊 5，花丝丝状，花药黄色，卵圆形，在雌花内显著短而败育或完全退化。花盘发达，5 浅裂。雌蕊 1，在雄花中完全退化，子房卵圆形，花柱短，柱头扩大。果实球形或椭圆形。种子倒卵椭圆形，顶端近圆形，基部有短喙，种脐在种子背面中部呈椭圆形，种脊微突出，腹面中棱脊突起，两侧洼穴宽沟状，向上达种子 1/4 处。花期 4 ～ 5 月，果期 8 ～ 9 月。

分布与生境

我国各地栽培。原产于亚洲西部，现世界各地栽培，为著名水果。

经济用途

葡萄被人们视为珍果，被誉为世界四大水果之首，它营养丰富、用途广泛、色美、气香，味可口，是果中佳品，既可鲜食又可酿制葡萄酒。果实、根、叶皆可入药。

281 华东葡萄

学名： *Vitis pseudoreticulata* W. T. Wang **科名：** 葡萄科 **属名：** 葡萄属

识别特征

木质藤本，小枝圆柱形，有显著纵棱纹，嫩枝疏被蛛丝状绒毛，以后脱落近无毛。卷须 2 叉分枝，每隔 2 节间断与叶对生。叶卵圆形或肾状卵圆形，顶端急尖或短渐尖，稀圆形，基部心形，基缺凹成圆形或钝角，每侧边缘 16 ~ 25 个锯齿，齿端尖锐，微不整齐，上面绿色，初时疏被蛛丝状绒毛，以后脱落无毛，下面初时疏被蛛丝状绒毛，以后脱落。基生脉 5 出，中脉有侧脉 3 ~ 5 对，下面沿侧脉被白色短柔毛，网脉在下面明显。叶柄初时被蛛状丝绒毛，以后脱落，并有短柔毛。托叶早落。圆锥花序疏散，与叶对生，基部分枝发达，杂性异株，疏被蛛丝状绒毛，以后脱落。花梗无毛。花蕾倒卵圆形，顶端圆形。萼碟形，萼齿不明显，无毛。花瓣 5，呈帽状黏合脱落。雄蕊 5，花丝丝状，花药黄色，椭圆形，在雌花内雄蕊显著短而败育。花盘发达。雌蕊 1，子房锥形，花柱不明显扩大。果实成熟时紫黑色。种子倒卵圆形，顶端微凹，基部有短喙，种脐在种子背面中部呈椭圆形，腹面中棱脊微突起，两侧洼穴狭窄呈条形，向上达种子上部 1/3 处。花期 4 ~ 6 月，果期 6 ~ 10 月。

分布与生境

产于河南、安徽、江苏、浙江、江西、福建、湖北、湖南、广东、广西。生于河边、山坡荒地、草丛、灌丛或林中，海拔 100 ~ 300 m。朝鲜也有分布。

经济用途

耐湿且抗霜霉病的能力强，果实含糖量高，为培育南方葡萄品种重要的种质资源。

282 葎叶蛇葡萄

学名： *Ampelopsis humulifolia* Bge. **科名：** 葡萄科 **属名：** 蛇葡萄属

识别特征

木质藤本，小枝圆柱形，有纵棱纹，无毛。卷须2叉分枝，相隔2节间断与叶对生。叶为单叶，3 ~ 5浅裂或中裂，稀混生不裂者，心状五角形或肾状五角形，顶端渐尖，

基部心形，基缺顶端凹成圆形，边缘有粗锯齿，通常齿尖，上面绿色，无毛，下面粉绿色，无毛或沿脉被疏柔毛。叶柄无毛或有时被疏柔毛。托叶早落。多歧聚伞花序与叶对生。花序梗无毛或被稀疏无毛。花梗伏生短柔毛。花蕾卵圆形，顶端圆形。萼碟形，边缘呈波状，外面无毛。花瓣5，卵椭圆形，外面无毛。雄蕊5，花药卵圆形，长宽近相等，花盘明显，波状浅裂。子房下部与花盘合生，花柱明显，柱头不扩大。果实近球形。种子倒卵圆形，顶端近圆形，基部有短喙，种脐在背种子面中部向上渐狭，呈带状长卵形，顶部种脊突出，腹部中棱脊突出，两侧洼穴呈椭圆形，从下部向上斜展达种子上部1/3处。花期5 ~ 7月，果期5 ~ 9月。

分布与生境

产于内蒙古、辽宁、青海、河北、山西、陕西、河南、山东。生于山沟地边或灌丛林缘或林中，海拔400 ~ 1 100 m。

经济用途

味辛、性温，具有活血散瘀、解毒、生肌长骨的功效。葎叶蛇葡萄可用于廊架、篱垣、墙体、山体、立交桥和高速公路护坡绿化等，因其不具有吸附性，在垂直绿化时要有依附物。

283 白 蔹

学名：*Ampelopsis japonica* (Thunb.) Makino **科名：**葡萄科 **属名：**蛇葡萄属

识别特征

木质藤本，小枝圆柱形，有纵棱纹，无毛。卷须不分枝或卷须顶端有短的分叉，相隔3节以上间断与叶对生。叶为掌状3～5小叶，小叶片羽状深裂或小叶边缘有深锯齿而不分裂，顶端渐尖或急尖，掌状5小叶者中央小叶深裂至基部并有1～3个关节，关节间有翅，侧小叶无关节或有1个关节，3小叶者中央小叶有1个或无关节，基部狭窄呈翅状，上面绿色，无毛，下面浅绿色，无毛或有时在脉上被稀疏短柔毛。叶柄无毛。托叶早落。聚伞花序通常集生于花序梗顶端，通常与叶对生。花序梗常呈卷须状卷曲，无毛。花梗极短或几无梗，无毛。花蕾卵球形，顶端圆形。萼碟形，边缘呈波状浅裂，无毛。花瓣5，卵圆形，无毛。雄蕊5，花药卵圆形，长宽近相等。花盘发达，边缘波状浅裂。子房下部与花盘合生，花柱短棒状，柱头不明显扩大。果实球形，成熟后带白色。种子倒卵形，顶端圆形，基部喙短钝，种脐在种子背面中部呈带状椭圆形，向上渐狭，表面无肋纹，背部种脊突出，腹部中棱脊突出，两侧洼穴呈沟状，从基部向上达种子上部1/3处。花期5～6月，果期7～9月。

分布与生境

产于辽宁、吉林、河北、山西、陕西、江苏、浙江、江西、河南、湖北、湖南、广东、广西、四川。生于山坡地边、灌丛或草地，海拔100～900 m。日本也有分布。

经济用途

呈块状膨大的根及全草供药用，有清热解毒和消肿止痛之效。

284 乌头叶蛇葡萄

学名： *Ampelopsis aconitifolia* Bge. **科名：** 葡萄科 **属名：** 蛇葡萄属

识别特征

木质藤本，小枝圆柱形，有纵棱纹，被疏柔毛。卷须2～3叉分枝，相隔2节间断与叶对生。叶为掌状5小叶，小叶3～5羽裂，披针形或菱状披针形，顶端渐尖，基部楔形，中央小叶深裂，或有时外侧小叶浅裂或不裂，上面绿色无毛或疏生短柔毛，下面浅绿色，无毛或脉上被疏柔毛。小叶有侧脉3～6对，网脉不明显。叶柄无毛或被疏柔毛，小叶几无柄。托叶膜质，褐色，卵披针形，顶端钝，无毛或被疏柔毛。花序为疏散的伞房状复二歧聚伞花序，通常与叶对生或假顶生。花序梗无毛或被疏柔毛，花梗几无毛。花蕾卵圆形，顶端圆形。萼碟形，波状浅裂或几全缘，无毛。花瓣5，卵圆形，无毛。雄蕊5，花药卵圆形，长宽近相等。花盘发达，边缘呈波状。子房下部与花盘合生，花柱钻形，柱头扩大不明显。果实近球形，种子倒卵圆形，顶端圆形，基部有短喙，种脐在种子背面中部近圆形，种脊向上渐狭呈带状，腹部中棱脊微突出，两侧洼穴呈沟状，从基部向上斜展达种子上部1/3。花期5～6月，果期8～9月。

分布与生境

产于内蒙古、河北、甘肃、陕西、山西、河南。生于沟边或山坡灌丛或草地，海拔600～1 800 m。

经济用途

可用于篱笆攀缘或墙体垂直绿化。性辛热，活血散瘀，消炎解毒，用于治疗跌打损伤、骨折、疮疖肿痛、风湿性关节炎。

285 地锦

学名： *Parthenocissus tricuspidata* (Siebold & Zucc.) Planch.

科名： 葡萄科　**属名：** 地锦属

识别特征

木质藤本，小枝圆柱形，几无毛或微被疏柔毛。卷须5～9分枝，相隔2节间断与叶对生。卷须顶端嫩时膨大呈圆珠形，后遇附着物扩大成吸盘。叶为单叶，通常着生在短枝上为3浅裂，时有着生在长枝上者小型不裂，叶片通常倒卵圆形，顶端裂片急尖，基部心形，边缘有粗锯齿，上面绿色，无毛，下面浅绿色，无毛或中脉上疏生短柔毛，基出脉5，中央脉有侧脉3～5对，网脉上面不明显，下面微突出。叶柄无毛或疏生短柔毛。花序着生在短枝上，基部分枝，形成多歧聚伞花序，主轴不明显。花序梗几无毛。花梗无毛。花蕾倒卵椭圆形，顶端圆形。萼碟形，边缘全缘或呈波状，无毛。花瓣5，长椭圆形，无毛。雄蕊5，花药长椭圆卵形，花盘不明显。子房椭球形，花柱明显，基部粗，柱头不扩大。果实球形。种子倒卵圆形，顶端圆形，基部急尖成短喙，种脐在背面中部呈圆形，腹部中棱脊突出，两侧洼穴呈沟状，从种子基部向上达种子顶端。花期5～8月，果期9～10月。

分布与生境

产于吉林、辽宁、河北、河南、山东、安徽、江苏、浙江、福建、台湾。生于山坡崖石壁或灌丛，海拔150～1 200 m。朝鲜、日本也有分布。

经济用途

本种为著名的垂直绿化植物，枝叶茂密，分枝多而斜展。根入药，能祛瘀消肿。

286 五叶地锦

学名： *Parthenocissus quinquefolia* (L.) Planch. **科名：** 葡萄科 **属名：** 地锦属

识别特征

木质藤本，小枝圆柱形，无毛。卷须总状 5 ~ 9 分枝，相隔 2 节间断与叶对生，卷须顶端嫩时尖细卷曲，后遇附着物扩大成吸盘。叶为掌状 5 小叶，小叶倒卵圆形、倒卵椭圆形或外侧小叶椭圆形，最宽处在上部或外侧小叶最宽处在近中部，顶端短尾尖，基部楔形或阔楔形，边缘有粗锯齿，上面绿色，下面浅绿色，两面均无毛或下面脉上微被疏柔毛。侧脉 5 ~ 7 对，网脉两面均不明显突出。叶柄无毛，小叶有短柄或几无柄。花序假顶生，形成主轴明显的圆锥状多歧聚伞花序。花序梗无毛。花梗无毛。花蕾椭圆形，顶端圆形。萼碟形，边缘全缘，无毛。花瓣 5，长椭圆形，无毛。雄蕊 5，花药长椭圆形，长 1.2 ~ 1.8 mm。花盘不明显。子房卵锥形，渐狭至花柱，或后期花柱基部略微缩小，柱头不扩大。果实球形。种子倒卵形，顶端圆形，基部急尖成短喙，种脐在种子背面中部呈近圆形，腹部中棱脊突出，两侧洼穴呈沟状，从种子基部斜向上达种子顶端。花期 6 ~ 7 月，果期 8 ~ 10 月。

分布与生境

东北、华北各地栽培。原产于北美洲。

经济用途

可向南引种至长江流域，长势很好，是优良的城市垂直绿化植物。

287 乌蔹莓

学名：*Causonis japonica* (Thunb.) Raf. **科名：**葡萄科 **属名：**乌蔹莓属

识别特征

草质藤本，小枝圆柱形，有纵棱纹，无毛或微被疏柔毛。卷须2 ~ 3叉分枝，相隔2节间断与叶对生。叶为鸟足状5小叶，中央小叶长椭圆形或椭圆披针形，顶端急尖或渐尖，基部楔形，侧生小叶椭圆形或长椭圆形，顶端急尖或圆形，基部楔形或近圆形，边缘每侧有6 ~ 15个锯齿，上面绿色，无毛，下面浅绿色，无毛或微被毛。侧脉5 ~ 9对，网脉不明显。叶柄侧生小叶无柄或有短柄，侧生小叶总柄无毛或微被毛。托叶早落。花序腋生，复二歧聚伞花序。花序梗无毛或微被毛。花梗几无毛。花蕾卵圆形，顶端圆形。萼碟形，边缘全缘或波状浅裂，外面被乳突状毛或几无毛。花瓣4，三角状卵圆形，外面被乳突状毛。雄蕊4，花药卵圆形，长宽近相等。花盘发达，4浅裂。子房下部与花盘合生，花柱短，柱头微扩大。果实近球形，有种子2 ~ 4粒。种子三角状倒卵形，顶端微凹，基部有短喙，种脐在种子背面近中部呈带状椭圆形，上部种脊突出，表面有突出肋纹，腹部中棱脊突出，两侧洼穴呈半月形，从近基部向上达种子近顶端。花期3 ~ 8月，果期8 ~ 11月。

分布与生境

产于陕西、河南、山东、安徽、江苏、浙江、湖北、湖南、福建、台湾、广东、广西、海南、四川、贵州、云南。生于山谷林中或山坡灌丛，海拔300 ~ 2 500 m。日本、菲律宾、越南、缅甸、印度、印度尼西亚和澳大利亚也有分布。

经济用途

全草入药，有凉血解毒、利尿消肿的功效。

288 粉 椴

学名： *Tilia oliveri* Szyszyl. **科名：** 锦葵科 **属名：** 椴属

识别特征

乔木，树皮灰白色。嫩枝通常无毛，或偶有不明显微毛，顶芽秃净。叶卵形或阔卵形，有时较细小，先端急锐尖，基部斜心形或截形，上面无毛，下面被白色星状茸毛，侧脉 7 ～ 8 对，边缘密生细锯齿。叶柄近秃净。聚伞花序，花序柄有灰白色星状茸毛。苞片窄倒披针形，先端圆，基部钝，有短柄，上面中脉有毛，下面被灰白色星状柔毛。萼片卵状披针形，被白色毛。退化雄蕊比花瓣短。雄蕊约与萼片等长。子房有星状茸毛，花柱比花瓣短。果实椭圆形，被毛，有棱或仅在下半部有棱突，多少突起。花期 7 ～ 8 月。

分布与生境

产于甘肃、陕西、四川、湖北、湖南、江西、浙江。

经济用途

园林绿化树种。树形美观，树姿雄伟，叶大荫浓，寿命长，花香馥郁，可用作行道树或供庭园观赏，也是著名的蜜源植物。木材可作建筑、家具雕刻、火柴杆等用。树皮纤维经处理后还可编织麻袋、造纸。

289 南京椴

学名： *Tilia miqueliana* Maxim.　**科名：** 锦葵科　**属名：** 椴属

识别特征

乔木，树皮灰白色。嫩枝有黄褐色茸毛，顶芽卵形，被黄褐色茸毛。叶卵圆形，先端急短尖，基部心形，整正或稍偏斜，上面无毛，下面被灰色或灰黄色星状茸毛，侧脉 6 ~ 8 对，边缘有整齐锯齿。叶柄圆柱形，被茸毛。聚伞花序，有花 3 ~ 12 朵，花序柄被灰色茸毛。苞片狭窄倒披针形，两面有星状柔毛，初时较密，先端钝，基部狭窄，有短柄。萼片被灰色毛。花瓣比萼片略长。退化雄蕊花瓣状，较短小。雄蕊比萼片稍短。子房有毛，花柱与花瓣平齐。果实球形，无棱，被星状柔毛，有小突起。花期 7 月。

分布与生境

产于江苏、浙江、安徽、江西、广东。日本有分布。

经济用途

叶大荫浓、花香馥郁，为优良的城乡绿化树种，可用作行道树、广场绿化和庭园绿化。南京椴木材色白轻软，可作建筑、家具、造纸、雕刻、细木工等用材。韧皮纤维发达，俗称“椴麻”，可供作人造棉、绳索及编织之用。也是酿造高级蜂蜜的优良蜜源；南京椴花及树皮均可入药，其浸剂有镇静、发汗、镇痉、解热的功效。茎皮含鞣质、脂肪、蜡及果胶等，主要用于治疗劳伤失力初起、久咳等症状。

290 小花扁担杆

学名： *Grewia biloba* var. *parviflora* (Bunge) Hand.-Mazz.

科名： 锦葵科　**属名：** 扁担杆属

识别特征

灌木或小乔木，多分枝。嫩枝被粗毛。叶下面密被黄褐色软茸毛，花朵较短小。叶薄革质，椭圆形或倒卵状椭圆形，先端锐尖，基部楔形或钝，两面有稀疏星状粗毛，基出脉 3 条，两侧脉上行过半，中脉有侧脉 3 ~ 5 对，边缘有细锯齿。叶柄被粗毛，托叶钻形。聚伞花序腋生，多花。苞片钻形。萼片狭长圆形，外面被毛，内面无毛。雌雄蕊柄有毛。子房有毛，花柱与萼片平齐，柱头扩大，盘状，有浅裂。核果红色，有 2 ~ 4 颗分核。

分布与生境

产于广西、广东、湖南、贵州、云南、四川、湖北、江西、浙江、江苏、安徽、山东、河北、山西、河南、陕西等省（区）。

经济用途

全株可入药，味甘、苦，性温，有健脾益气、祛风除湿、固精止遗的功效，主治脾虚食少、小儿疳积、风湿痹痛等。茎皮纤维色白、质地软，可做人造棉。此外，小花扁担杆是观果树种，可供观赏。

291 野葵

学名：*Malva verticillata* L. **科名：**锦葵科 **属名：**锦葵属

识别特征

二年生草本，茎干被星状长柔毛。叶肾形或圆形，通常为掌状5～7裂，裂片三角形，具钝尖头，边缘具钝齿，两面被极疏糙伏毛或近无毛。叶柄长2～8 cm，近无毛，上面槽内被绒毛。托叶卵状披针形，被星状柔毛。花3至多朵簇生于叶腋，具极短柄至近无柄。小苞片3，线状披针形，被纤毛。萼杯状，萼裂5，广三角形，疏被星状长硬毛。花冠长稍微超过萼片，淡白色至淡红色，花瓣5，先端凹入，爪无毛或具少数细毛。雄蕊柱被毛。花柱分枝10～11。果扁球形。分果爿10～11，背面平滑，两侧具网纹。种子肾形，无毛，紫褐色。花期3～11月。

分布与生境

产于全国各省区，北自吉林、内蒙古，南达四川、云南，东起沿海，西至新疆、青海，不论平原和山野，均有野生。印度、缅甸、锡金、朝鲜、埃及、埃塞俄比亚以及欧洲等地均有分布。

经济用途

种子、根和叶作中草药，能利水滑窍、润便利尿、下乳汁。鲜茎叶和根可拔毒排脓，治疗疔疮疖痈。嫩苗也可供蔬食。

292 圆叶锦葵

学名： *Malva pusilla* Smith　**科名：** 锦葵科　**属名：** 锦葵属

识别特征

多年生草本，偶为5～7浅裂，上面疏被长柔毛，下面疏被星状柔毛。叶柄被星状长柔毛。托叶小，卵状渐尖。花通常3～4朵簇生于叶腋，偶有单生于茎基部的，花梗不等长，疏被星状柔毛。小苞片3，披针形，被星状柔毛。萼钟形，被星状柔毛，裂片5，三角状渐尖头。花白色至浅粉红色，花瓣5，倒心形。雄蕊柱被短柔毛。花柱分枝13～15。果扁圆形，分果爿13～15，不为网状，被短柔毛。种子肾形，被网纹或无网纹。花期夏季。

分布与生境

产于河北、山东、河南、山西、陕西、甘肃、新疆、西藏、四川、贵州、云南、江苏和安徽等省（区）。生于荒野、草坡。分布至欧洲和亚洲各地。

经济用途

根可以入药，可补气虚、消水肿、固表止汗。

293 木　槿

学名：*Hibiscus syriacus* L.　**科名：**锦葵科　**属名：**木槿属

识别特征

落叶灌木，小枝密被黄色星状绒毛。叶菱形至三角状卵形，具深浅不同的 3 裂或不裂，先端钝，基部楔形，边缘具不整齐齿缺，下面沿叶脉微被毛或近无毛。叶柄上面被星状柔毛。托叶线形，常疏被柔毛。花单生于枝端叶腋间，花梗被星状短绒毛。小苞片 6 ~ 8，线形，密被星状疏绒毛。花萼钟形，密被星状短绒毛，裂片 5，三角形。花钟形，淡紫色，花瓣倒卵形，外面疏被纤毛和星状长柔毛。花柱枝无毛。蒴果卵圆形，密被黄色星状绒毛。种子肾形，背部被黄白色长柔毛。花期 7 ~ 10 月。

分布与生境

台湾、福建、广东、广西、云南、贵州、四川、湖南、湖北、安徽、江西、浙江、江苏、山东、河北、河南、陕西等省（区）均有栽培，原产于我国中部各省。

经济用途

主供园林观赏用，或作绿篱材料。茎皮富含纤维，作造纸原料。入药治疗皮肤癣疮。

294 梧 桐

学名： *Firmiana simplex* (L.) W. Wight **科名：** 锦葵科 **属名：** 梧桐属

识别特征

落叶乔木，树皮青绿色，平滑。叶心形，掌状 3 ~ 5 裂，裂片三角形，顶端渐尖，基部心形，两面均无毛或略被短柔毛，基生脉 7 条，叶柄与叶片等长。圆锥花序顶生，花淡黄绿色。萼 5 深裂几至基部，萼片条形，向外卷曲，外面被淡黄色短柔毛，内面仅在基部被柔毛。花梗与花几等长。雄花的雌雄蕊柄与萼等长，下半部较粗，无毛，花药 15 个不规则地聚集在雌雄蕊柄的顶端，退化子房梨形且甚小。雌花的子房圆球形，被毛。蓇葖果膜质，有柄，成熟前开裂成叶状，外面被短茸毛或几无毛，每蓇葖果有种子 2 ~ 4 个。种子圆球形，表面有皱纹。花期 6 月。

分布与生境

产于我国南北各省，从广东、海南到华北均产。也分布于日本。多为人工栽培。

经济用途

为栽培于庭园的观赏树木。木材轻软，为制木匣和乐器的良材。种子炒熟可食或榨油，油为不干性油。茎、叶、花、果和种子均可药用，有清热解毒的功效。树皮的纤维洁白，可用以造纸和编绳等。木材刨片可浸出黏液，称刨花，可润发。

295 软枣猕猴桃

学名： *Actinidia arguta* (Sieb. et Zucc.) Planch. ex Miq.

科名： 猕猴桃科　**属名：** 猕猴桃属

识别特征

大型落叶藤本，小枝基本无毛或幼嫩时星散地薄被柔软绒毛或茸毛，隔年枝灰褐色，洁净无毛或部分表皮呈污灰色皮屑状，皮孔长圆形至短条形，不显著至很不显著。髓白色至淡褐色，片层状。叶膜质或纸质，卵形、长圆形、阔卵形至近圆形，顶端急短尖，基部圆形至浅心形，等侧或稍不等侧，边缘具繁密的锐锯齿，腹面深绿色，无毛，背面绿色，侧脉腋上有髯毛或连中脉和侧脉下段的两侧沿生少量卷曲柔毛，个别较普遍地被卷曲柔毛，横脉和网状小脉细，不发达，可见或不可见，侧脉稀疏，6 ~ 7 对，分叉或不分叉。叶柄无毛或略被微弱的卷曲柔毛。花序腋生或腋外生，为 1 ~ 2 回分枝，1 ~ 7 朵花，或厚或薄地被淡褐色短绒毛，苞片线形。花绿白色或黄绿色，芳香。萼片 4 ~ 6 枚。卵圆形至长圆形，边缘较薄，有不甚显著的缘毛，两面薄被粉末状短茸毛，或外面毛较少或近无毛。花瓣 4 ~ 6 片，楔状倒卵形或瓢状倒阔卵形，1 花 4 瓣的其中有 1 片二裂至半。花丝丝状，花药黑色或暗紫色，长圆形箭头状。子房瓶状，洁净无毛。果圆球形至柱状长圆形，有喙或喙不显著，无毛，无斑点，不具宿存萼片，成熟时绿黄色或紫红色。

分布与生境

本种分化强烈，分布广阔。从最北的黑龙江至南方广西境内的五岭山地都有分布。一共分为 6 个变种。

经济用途

果药用，为强壮、解热及收敛剂。又是营养价值很高的食品。果既可生食，也可制果酱、蜜饯、罐头和酿酒等。花为蜜源，也可提芳香油。该种既可作为观赏树种，又可作为果树。

296 对萼猕猴桃

学名： *Actinidia valvata* Dunn　**科名：** 猕猴桃科　**属名：** 猕猴桃属

识别特征

中型落叶藤本，着花小枝淡绿色，幼嫩时薄被极微小的茸毛，皮孔很不显著。隔年枝灰绿色，皮孔较显著。髓白色，实心。叶近膜质，阔卵形至长卵形，顶端渐尖至浑圆形，基部阔楔形至截圆形，不下延或下延，两侧稍不对称。边缘有细锯齿，腹面绿色，背面稍淡，两面均无毛，叶脉不很发达，侧脉 5 ~ 6 对。叶柄水红色，无毛。花序 2 ~ 3 花或 1 花单生。花序柄、花柄均略被微茸毛。苞片钻形。花白色。萼片 2 ~ 3 片，卵形至长方卵形，两面均无毛或外面的中间部分略被微茸毛。花瓣 7 ~ 9 片，长方倒卵形。花丝丝状，花药橙黄色，条状矩圆形。子房瓶状，洁净无毛，花柱比子房稍长。果成熟时橙黄色，卵珠状，稍偏肿，无斑点，顶端有尖喙，基部有反折的宿存萼片。

分布与生境

主产华东，延及湖南、湖北。分 2 个变种。

经济用途

以其树形优美、藤本枝蔓可任意造型等优点而成为盆景果树的新树种。

297 山 茶

学名： *Camellia japonica* L. **科名：** 山茶科 **属名：** 山茶属

识别特征

灌木或小乔木，嫩枝无毛。叶革质，椭圆形，先端略尖，或急短尖而有钝尖头，基部阔楔形，上面深绿色，干后发亮，无毛，下面浅绿色，无毛，侧脉 7 ~ 8 对。叶柄无毛。花顶生，红色，无柄。苞片及萼片约 10 片，组成长 2.5 ~ 3 cm 的杯状苞被，半圆形至圆形，外面有绢毛，脱落。花瓣 6 ~ 7 片，外侧 2 片近圆形，几离生，外面有毛，内侧 5 片基部连生约 8 mm，倒卵圆形，无毛。雄蕊 3 轮，外轮花丝基部连生，花丝管无毛。内轮雄蕊离生，稍短，子房无毛，花柱先端 3 裂。蒴果圆球形，2 ~ 3 室，每室有种子 1 ~ 2 个，3 爿裂开，果爿厚木质。花期 1 ~ 4 月。

分布与生境

四川、台湾、山东、江西等地有野生种，国内各地广泛栽培，品种繁多，花大多数为红色或淡红色，亦有白色，多为重瓣。

经济用途

花有止血功效，种子榨油，供工业用。

298 川鄂连蕊茶

学名： *Camellia rosthorniana* Handel-Mazz. **科名：** 山茶科 **属名：** 山茶属

识别特征

灌木，嫩枝纤细，密生短柔毛。叶薄革质，椭圆形或卵状长圆形，先端长渐尖，尖头略钝，基部楔形至阔楔形，上面干后暗绿色，无光泽，中脉有残留短毛，下面通常无毛，侧脉约6对，在上下两面隐约可见，边缘密生细小尖锯齿，叶柄有柔毛。花腋生及顶生，白色。苞片卵形或圆形，无毛，先端有睫毛。花萼杯状，萼片5片，不等长，卵形至圆形，背无毛，边缘有睫毛。花冠白色，花瓣5～7片，最外侧2～3片倒卵形或圆形，有睫毛，内侧3～4片倒卵形，先端圆或凹入。雄蕊无毛。子房无毛，花柱先端极短3裂。果实有宿存苞片及萼片。蒴果圆球形。花期4月。

分布与生境

产于湖北、湖南、广西、四川。

经济用途

萌枝力强，树冠为球形，还可修剪成独干球形，开花时如花球盛开，既与不同的植物进行搭配种植，也可进行不同造型组合，有独特的观赏效果。

299 短柱柃

学名：*Eurya brevistyla* Kobuski **科名：**五列木科 **属名：**柃属

识别特征

灌木或小乔木，全株除萼片外均无毛。树皮黑褐色或灰褐色，平滑。嫩枝灰褐色或灰白色，粗壮，略具2棱，小枝灰褐色。顶芽披针形，无毛，或偶有在芽鳞边缘有纤毛。叶革质，倒卵形或椭圆形至长圆状椭圆形，顶端短渐尖至急尖，基部楔形或阔楔形，边缘有锯齿，上面深绿色，有光泽，下面淡黄绿色，两面无毛，中脉在上面凹下，下面凸起，侧脉9～11对，稍纤细，两面均甚明显，偶有在两面均不明显。花1～3朵腋生，花梗无毛。雄花：小苞片2，卵圆形。萼片5，膜质，近圆形，顶端有小突尖或微凹，外面无毛，但边缘有纤毛。花瓣5，白色，长圆形或卵形。雄蕊13～15枚，花药不具分格，退化子房无毛。雌花的小苞片和萼片与雄花同。花瓣5，卵形。子房圆球形，3室，无毛，花柱极短，3枚，离生。果实圆球形，成熟时蓝黑色。花期10～11月，果期翌年6～8月。

分布与生境

广泛分布于陕西南部、江西、福建中部和北部、广东北部、广西北部、湖北西部、湖南西部、四川东部和中部、贵州及云南东北部至东南部等地。多生于海拔850～2 600 m的山顶或山坡沟谷林中、林下及林缘路旁灌丛中。

经济用途

花为优良的冬季蜜源植物。种子可榨油。

300 厚皮香

学名： *Ternstroemia gymnanthera* (Wight et Arn.) Beddome

科名： 五列木科　**属名：** 厚皮香属

识别特征

灌木或小乔木，全株无毛。树皮灰褐色，平滑。嫩枝浅红褐色或灰褐色，小枝灰褐色。叶革质或薄革质，通常聚生于枝端，呈假轮生状，椭圆形、椭圆状倒卵形至长圆状倒卵形，顶端短渐尖或急窄缩成短尖，尖头钝，基部楔形，边全缘，稀有上半部疏生浅疏齿，齿尖具黑色小点，上面深绿色或绿色，有光泽，下面浅绿色，干后常呈淡红褐色，中脉在上面稍凹下，在下面隆起，侧脉5～6对，两面均不明显，少有在上面隐约可见。花两性或单性，通常生于当年生无叶的小枝上或生于叶腋。两性花：小苞片2，三角形或三角状卵形，顶端尖，边缘具腺状齿突。萼片5，卵圆形或长圆卵形，顶端圆，边缘通常疏生线状齿突，无毛。花瓣5，淡黄白色，倒卵形，顶端圆，常有微凹。雄蕊长短不一，花药长圆形，远较花丝为长，无毛。子房圆卵形，2室，胚珠每室2个，花柱短，顶端浅2裂。果实圆球形，小苞片和萼片均宿存，顶端2浅裂。种子肾形。花期5～7月，果期8～10月。

分布与生境

广泛分布于安徽南部、浙江、江西、福建、湖北西南部、湖南南部和西北部、广东、广西北部和东部、云南、贵州东北部和西北部以及四川南部等地。多生于海拔200～1 400 m（云南可分布于2 000～2 800 m）的山地林中、林缘路边或近山顶疏林中。分布于越南、老挝、泰国、柬埔寨、尼泊尔、不丹及印度。

经济用途

对二氧化碳、氯气、氟化氢等抗性强，并能吸收有毒气体，适用于街坊、厂矿绿化和营造环境林。

301 金丝梅

学名：*Hypericum patulum* Thunb. ex Murray **科名：**金丝桃科 **属名：**金丝桃属

识别特征

灌木，丛状，具开张的枝条，有时略多叶。茎淡红色至橙色，幼时具4纵线棱或4棱形，很快具2纵线棱，有时最后呈圆柱形。节间短于或稀有长于叶。皮层灰褐色。叶具柄，叶片披针形或长圆状披针形至卵形或长圆状卵形，先端钝形至圆形，常具小尖突，基部狭或宽楔形至短渐狭，边缘平坦，不增厚，坚纸质，上面绿色，下面苍白色，主侧脉3对，中脉在上方分枝，第三级脉网稀疏而几不可见，腹腺体多少密集，叶片腺体短线形和点状。花序具1～15朵花，自茎顶端第1～2节生出，伞房状，有时顶端第一节间短，有时在茎中部有一些具1～3朵花的小枝。苞片狭椭圆形至狭长圆形，凋落。花蕾宽卵珠形，先端钝形。萼片离生，在花蕾及果时直立，宽卵形或宽椭圆形或近圆形至长圆状椭圆形或倒卵状匙形，近等大或不等大，先端钝形至圆形或微凹而常有小尖突，边缘有细的啮蚀状小齿至具小缘毛，膜质，常带淡红色，中脉通常分明，小脉不明显或略明显，有多数腺条纹。花瓣金黄色，无红晕，多少内弯，长圆状倒卵形至宽倒卵形，边缘全缘或略为啮蚀状小齿，有1行近边缘生的腺点，有侧生的小尖突，小尖突先端多少圆形至消失。雄蕊5束，每束有雄蕊50～70枚，花药亮黄色。子房多少呈宽卵珠形。花柱长约为子房4/5至几与子房相等，多少直立，向顶端外弯。柱头不或几不呈头状。蒴果宽卵珠形。种子深褐色，多少呈圆柱形，无或几无龙骨状突起，有浅的线状蜂窝纹。花期6～7月，果期8～10月。

分布与生境

产于陕西、江苏、安徽、浙江、江西、福建、台湾、湖北、湖南、广西、四川、贵州等省（区）。生于山坡或山谷的疏林下、路旁或灌丛中，海拔（300～）450～2 400 m。日本、南部非洲有归化，其他各国常有栽培。

经济用途

花供观赏。根药用，能舒筋活血、催乳、利尿。

302 长柱金丝桃

学名：*Hypericum longistylum* Oliv. **科名**：金丝桃科 **属名**：金丝桃属

识别特征

灌木，直立，有极叉开的长枝和羽状排列的短枝。茎红色，幼时有 2 ~ 4 纵线棱并且两侧压扁，最后呈圆柱形。节间短于至长于叶。皮层暗灰色。叶对生，近无柄或具短柄。叶片狭长圆形至椭圆形或近圆形，先端圆形至略具小尖突，基部楔形至短渐狭，边缘平坦，坚纸质，上面绿色，下面多少密生白霜，主侧脉纤弱，约 3 对，中脉的分枝不或几不可见，无或稀有很纤弱的第三级脉网，无腹腺体，叶片腺体小点状至很小点状。花序 1 花，在短侧枝上顶生。苞片叶状，宿存。花星状。花蕾狭卵珠形，先端锐尖。萼片离生或在基部合生，在花蕾及结果时开张或外弯，线形或稀为椭圆形，等大或近等大，边缘全缘，中脉多少明显，小脉不显著，腺体约 4，基部的线形，向顶端呈点状。花瓣金黄色至橙色，无红晕，开张，倒披针形，边缘全缘，无腺体，无或几无小尖突。雄蕊 5 束，每束有雄蕊 15 ~ 25 枚。子房卵珠形，通常略具柄。柱头小。蒴果卵珠形，通常略具柄。种子圆柱形，淡棕褐色，有明显的龙骨状突起和细蜂窝纹。花期 5 ~ 7 月，果期 8 ~ 9 月。

分布与生境

产于安徽、河南、湖北、湖南。生于山坡阳处或沟边潮湿处，海拔 200 ~ 1 200 m。

经济用途

蒴果入药，清热解毒、散结消肿。

303 小连翘

学名： *Hypericum erectum* Thunb. ex Murray **科名：** 金丝桃科 **属名：** 金丝桃属

识别特征

多年生草本，茎单一，直立或上升，通常不分枝，有时上部分枝，圆柱形，无毛，无腺点。叶无柄，叶片长椭圆形至长卵形，先端钝，基部心形抱茎，边缘全缘，内卷，坚纸质，上面绿色，下面淡绿色，近边缘密生腺点，全面有或多或少的小黑腺点，侧脉每边约 5 条，斜上升，与中脉在上面凹陷，下面凸起，脉网较密，下面多少明显。花序顶生，多花，伞房状聚伞花序，常具腋生花枝。苞片和小苞片与叶同形。萼片卵状披针形，先端锐尖，全缘，边缘及全面具黑腺点。花瓣黄色，倒卵状长圆形，上半部有黑色点线。雄蕊 3 束，宿存，每束有雄蕊 8 ~ 10 枚，花药具黑色腺点。子房卵珠形。花柱 3，自基部离生，与子房等长。蒴果卵珠形，具纵向条纹。种子绿褐色，圆柱形，两侧具龙骨状突起，无顶生附属物，表面有细蜂窝纹。花期 7 ~ 8 月，果期 8 ~ 9 月。

分布与生境

产于江苏、安徽、浙江、福建、台湾、湖北、湖南。生于山坡草丛中。俄罗斯（库页岛）、朝鲜及日本也有分布。

经济用途

据《现代实用中药》记载，小连翘“有止血的功效。可用于刀伤，作洗涤料。兼为咽喉之含漱剂、风湿性疾患之湿布剂。生草打汁外用于创伤、跌打损伤等”。其味苦，性平。归肝、胃经。

304 赶山鞭

学名： *Hypericum attenuatum* Choisy　**科名：** 金丝桃科　**属名：** 金丝桃属

识别特征

多年生草本，根茎具发达的侧根及须根。茎数个丛生，直立，圆柱形，常有 2 条纵线棱，且全面散生黑色腺点。叶无柄。叶片卵状长圆形或卵状披针形至长圆状倒卵形，先端圆钝或渐尖，基部渐狭或微心形，略抱茎，全缘，两面通常光滑，下面散生黑腺点，侧脉 2 对，与中脉在上面凹陷，下面凸起，边缘脉及脉网不明显。花序顶生，多花或有时少花，为近伞房状或圆锥花序。苞片长圆形，平展。花蕾卵珠形。萼片卵状披针形，先端锐尖，表面及边缘散生黑腺点。花瓣淡黄色，长圆状倒卵形，先端钝形，表面及边缘有稀疏的黑腺点，宿存。雄蕊 3 束，每束有雄蕊约 30 枚，花药具黑腺点。子房卵珠形，3 室。花柱 3，自基部离生，与子房等长或稍长于子房。蒴果卵珠形或长圆状卵珠形，具长短不等的条状腺斑。种子黄绿色、浅灰黄色或浅棕色，圆柱形，微弯，两端钝形且具小尖突，两侧有龙骨状突起，表面有细蜂窝纹。花期 7 ~ 8 月，果期 8 ~ 9 月。

分布与生境

产于黑龙江、吉林、辽宁、内蒙古、河北、山西、陕西、甘肃、山东、江苏、安徽、浙江、江西、河南、广东、广西。生于田野、半湿草地、草原、山坡草地、石砾地、草丛、林内及林缘等处，海拔在 1 100 m 以下。俄罗斯（西伯利亚东部及远东地区）、蒙古、朝鲜及日本也有分布。

经济用途

民间用全草代茶叶用。全草又可入药，捣烂治跌打损伤或煎服作蛇药用。

拉丁名索引

A

B

C

D

E

F

G

H

I

J

K

L

M

N

O

P

Q

R

S

T

U

V

Y

Z

中文名索引

二画

三画

四画

五画

六画

七画

八画

九画

十画

十一画

十二画

十三画

十四画

十五画

十六画

十七画

十八画

二十画